国家出版基金项目
NATIONAL PUBLICATION FOUNDATION

主编◎厉以宁　艾丰　石军

中国新型城镇化理论与实践丛书

新型城镇化背景下
流动劳动力医疗卫生服务可及性研究

中国新型城镇化理论与实践丛书
编委会

总 序

2012 年 11 月，中国共产党第十八次代表大会提出，中国要推进“新型城镇化”。

2013 年 12 月，中共中央召开了新中国成立以来的第一次城镇化工作会议。

2014 年 3 月，中共中央、国务院印发了《国家新型城镇化规划(2014—2020 年)》。

我国进入了新型城镇化重要时期。

习近平同志在中央城镇化工作会议上的讲话指出，推进新型城镇化是解决农业、农村、农民问题的重要途径，是推动区域协调发展的有力支撑，是扩大内需和促进产业升级的重要抓手，对全面建成小康社会、加快社会主义现代化具有重大的现实意义和深远的历史意义。李克强同志多次强调，新型城镇化是现代化的必由之路和必需之策。

到目前为止，成功实现工业化、城镇化进而达到现代化的发达国家，人口加起来总共约 10 亿。如果到 21 世纪中叶，中国城镇化率达到 80%，转移人口将达到 12 亿左右，超过发达国家的人口总和，其规模之宏大和问题之复杂，在世界城镇化历史上是空前的。顺利完成中国城镇化，堪称中国历史发展的奇迹，也是世界发展史上的奇迹。

顺利推进新型城镇化，关键在于理论和实践的结合。它包括几个层次：

一是掌握城镇化的基本规律。

二是找到中国城镇化的特殊规律。

三是认识新型城镇化的内涵和要求。

四是根据以上认识，作出相应的决策，包括战略、规划、政策和措施。

五是在实施过程中，根据实践经验不断深化认识和改进操作。新型城镇化是一个新事物，没有现成的套路可以照搬，必须在理论和实践的结合中，不断前进。

本着为新型城镇化作出一份贡献的宗旨，特编辑出版了这套“中国新型城镇化理论与实践丛书”。

一、世界城镇化进程基本规律

世界城镇化已经有了260年的历史，贯穿了人类社会工业化和现代化的整个历程。其内在基本规律可以概括如下：

城镇化的基本矛盾是要素整合和空间配置的关系。社会生产力的发展靠要素整合，而要素整合离不开空间配置。要素整合和空间配置的互动互促，是城镇化的实质。

（一）六个要点

由此基本矛盾派生出城镇化基本规律的六个要点：

一个根据。劳动生产率。人类社会进步的基本动因是劳动生产率提高。工业靠人口的城镇聚集提高劳动生产率，农业靠减少农村人口提高劳动生产率。这是城镇化的基本根据。

二力协调。工业的拉力和农业的推力。农村人口转移是靠一拉一推实现的。而且，拉力和推力必须协调，两力不协调就会出现问题。

三个要素。人、业、地是城镇化的三个基本要素。人是核心，业是支撑，地是载体。所谓城镇化，就是恰当运作这三个基本要素，以达到社会进步的目的。

四类主体。政府、企业、居民、智库。城镇化是这四类主体协作参与的社会工程。在发挥市场配置资源的决定性作用和更好地发挥政府作用的原则下，由政府统领，这四类主体各就各位、各尽所能、互相协作、形成合力，才能顺利推进城镇化。

五种杠杆。资源、资金、技术、文化、谋略。这些杠杆要素在城镇化的实施中，分别起着依托、融合、提升、活力、统筹的作用。

一个成果。现代化城镇体系建设。城镇体系包括宏观体系、中观体系、微观体系。城镇体系也包括实体体系、关系体系、文化体系。

（二）五项原则

分析世界各国城镇化经验教训，可以总结出五项原则：

1. **有序原则。**城镇化基本按照“地点转换，职业转换，身份转换”的顺序进行。

2. **同步原则。**城镇化进程要与产业支撑同步发展。

3. **渐进原则。**城镇化是一个自然发展过程，不可操之过急。

4. **匹配原则。**城镇化的模式要与国情相匹配。

5. **持续原则。**城镇化进程要可持续，城镇发展要可持续。

六个要点和五项原则，可以成为对城镇化规律的基础性认识。

二、中国城镇化历程

中国城镇化的伟大历史进程已经清晰地展现在我们眼前。

过去 65 年，中国城镇化走过了曲折发展的道路。

1. **新中国成立初期 10 年。**新中国成立初期 10 年，城镇化启动，城镇化率从 1949 年的 10.6%提高到 1957 年的 15.6%。

2. **1958—1978 年。**1958 年以后进入停滞期，到 1978 年，城镇化率达到 17.9%。20 年的时间城镇化率只提高 2.3%，城镇化速度年均 0.1%。

3. **改革开放以后至 2013 年。**改革开放以后，我国城镇化进程明显加快，到 2013 年已上升到 53.7%，年均城镇化速度在一个百分点以上。城镇常住人口从 1978 年的 1.7 亿增加到 2013 年的 7.3 亿，城市数量从 193 个增加到 658 个，建制镇从 2173 个增加到 20113 个。京津冀、长三角、珠三角三大城市群初步形成，西部和东北地区城市焕发出新面貌。

目前，我国城镇化正处在城镇化率 30%～70%**的中期阶段，**城镇化率为 53.7%，如果按户籍人口计算，城镇化率只有 36%左右，低于发达国家 80%以上的平均水平，也低于类似发展中国家 60%的平均水平。

4. **展望未来。展望未来，还有非常艰巨的任务。**《国家新型城镇化规划（2014—2020 年）》提出的目标是，到 2020 年，城镇化率达到 60%左右，户籍人口城镇化率达到 45%左右。

还可以设想，到 2030 年，城镇化率达到 70%左右，而后再用 20 年，即到 2050 年，城镇化率达到 80%左右，同时做好相应的调整和提高工作。

这就是说，新中国的城镇化将走过 100 年的历程，新中国成立 100 周年，将是中国城镇化基本完成之时，也是中国现代化程度达到中等发达国家水平之日，两者基本重合。

三、中国城镇化特色

如何理解中国城镇化的“特色”?

（一）在“大反差”的条件下进行

基于国情，中国城镇化是在“大反差”的条件下进行的。

1. **人口。**“总量多”和“人均少”之间的大反差。“人均少”往往形成硬制约。如我国 GDP 总量居世界第二，但人均 GDP 排名在世界 100 名左右；耕地总量占国土面积的 13.5%，但人均耕地 1.4 亩，是世界平均水平的 40%。

2. **区域。**不同区域之间在自然环境、经济发展、人口聚集等方面的大反差。由黑河到腾冲划出的所谓“胡焕庸线”，东南侧占全国 43.18%的国土面积，集聚全国 93.77%的人口，产出 95.7%的 GDP。西北一侧占 56.82%的国土面积，集聚全国 6.23%的人口，产出 4.3%的 GDP。

3. **城乡。**城乡二元结构形成的大反差。劳动生产率方面，农村人口占全国人口将近一半，而农业的 GDP 贡献率只有 10%左右；农村居民和城镇居民购买力之比是 1∶3；城乡二元体制。

4. **城镇。**大城市、特大城市和中小城市、小城镇之间的大反差。大城市急剧膨胀，中小城市、小城镇容量不足。

5. **经济。**落后农业国的起点和现代化目标之间的大反差。面临传统工业化补课和现代化赶超的双重历史任务。飞船早已上天，还有几千万人没有解决温饱问题。

（二）中国城镇化任务艰巨复杂

从国际比较看，中国城镇化任务非常艰巨复杂。

1. **转移人口总量大。**过去 65 年，城镇常住人口增加 5.6 亿，到城镇化基本完成时，累计转移农村人口 12 亿之众。这个数量是人类总人口的 1/6。

2. **区域发展不平衡。**目前我国东部城镇化率为 62.2%，中部城镇化率为 48.5%，西部城镇化率为 44.8%。三个不同区域城镇化所处阶段和面临的问题很不相同。由此出现了世界少有的区域人口大流动的现象。

3. **城镇模式多样化。**我国有人口稠密的地方，也有地广人稀的地方；有城镇密集的地方，也有城镇稀疏的地方。人均土地、人均资源、人均 GDP 的巨大差异，必然形成城镇模式上的多样化。中国各地各类城镇应该采取的模式可以说囊括了世界各国的各种模式。

4. **时间跨度比较长。**中国基本完成城镇化需要 100 年左右的时间。在世界各国中，这个时间跨度是比较长的，也是世界人口最多的国家城镇化所必需的。

5. **国际影响深远。**在世界经济全球化的今天，世界最大的发展中国家的城镇化，其影响和意义必然超越国界。外国经济学家把中国城镇化看成推动 21 世纪世界经济发展的两大引擎之一，是有道理的。中国城镇化和世界经济发展的互动，成为必然。

（三）城镇化进程中存在的六个“滞后”

立足当前，必须正视城镇化进程中存在的六个“滞后”。

1. **城镇化滞后于工业化。**我国第二和第三产业增加值占 GDP 的比重达到 90%，而城市人口和农村人口的比例是 54∶46，城镇化率低于同等工业化水平的国家。

2. **人口城镇化滞后于土地城镇化。**城镇化过程存在着重“物的城镇化”，轻“人的城镇化”的倾向。城市结构松散，占地过多，城镇用地增长快于人口容纳增长。

3. **城市建设滞后于城镇化速度。**城市基础设施、公用服务设施、城镇住房建设远不适应城镇人口增长。

4. **身份转换滞后于职业转换。**我国目前的城镇化率，按户籍人口计算是35%，按常住人口计算是53%，相差18个百分点。这意味着有2亿多农民工有待市民化。

5. **文化建设和生态建设滞后于实体建设。**城镇化中历史文化传承问题没有很好地解决，城镇的文化特色、地方特色、民族特色正在消失。城镇的环境污染越来越严重。

6. **城市管理滞后于城市发展。**城镇管理体制、城镇管理经验、城镇管理人才都还不适应城镇化的快速发展。

六个“滞后”说明，依靠劳动力廉价供给推动城镇化快速发展的模式难以持续，依靠粗放式消耗土地等资源推动城镇化快速发展的模式难以持续，依靠公共服务非均等化压低成本推动城镇化的模式不可持续。

四、“五位一体”的新型城镇化目标

所谓新型城镇化，就是落实科学发展观，体现工业化、城镇化、信息化、农业现代化“四化协调”和经济建设、政治建设、文化建设、社会建设、生态文明建设“五位一体”的城镇化。

具体来说，就是以人口城镇化为核心，以城市群为主体形态，以综合承载能力为支撑，以体制机制创新为保障，促进产业发展、就业转移和人口集聚相统一，走出一条以人为本、四化协调、集约高效、布局优化、生态文明、文化传承的中国特色的新型城镇化道路。

新型城镇化是基于中国城镇化的规律、适应新形势的要求、针对现存的主要问题提出来的。

可以用“三八原则”和“三五要点”具体解读新型城镇化。

（一）新型城镇化的“三八原则”

所谓“三八原则”即是：

1. **正确处理八个方面关系。**一是空间：正确处理城乡之间、不同区域之间、城镇之间、各类城区之间的关系；二是产业：正确处理产业发展和城镇化进程之间的关系和第一次产业、第二次产业、第三次产业之间的关系；三是要素：正确处理人、业、地、钱等各种要素之间的关系；四是居民：正确处理各种居民之间的关系，特别要保证不能损害农民的利益，逐步实现公共服务均等化；五是文化：正确处理传承和创新的关系，把现代化和历史文化传承统一起来；六是模式：正确处理统一和多样的关系，各个城镇既要遵循国家统一规划，又要从实际出发作出选择；七是进程：正确处理速度和质量的关系，新型城镇化必须注意条件匹配、质量优先；八是主体：正确处理政府、企业、居民之间的关系，正确处理“有形的手”和“无形的手”的关系，按照“政府引导，多方参与”的原则推进城镇化。

2. **符合八条基本标准。**一是城乡一体；二是以人为本；三是经济繁荣；四是城建现代；五是布局合理；六是文化发展；七是社会和谐；八是绿色低碳。

3. **运用八条操作要领。**一是以人口为核心；二是以产业为支撑；三是以环境做定位；四是以城建做载体；五是以土地为依托；六是以资金做杠杆；七是以制度做配套；八是以改革为动力。

强调以改革为动力，用改革的方法解决城镇化中遇到的各种问题很重要。处在社会转型期的中国，必须通过全面深化改革，克服思维、制度、体制、政策等方面不适应城镇化的制约和障碍，才能保证城镇化的顺利进行。

（二）新型城镇化的“三五要点”

所谓“三五要点”即是：

1. **抓住五个难点问题。**一是农民工市民化问题；二是土地问题；三是城镇住房和公共服务问题；四是资金问题；五是历史文化传承问题。

2. **抓住五个战略重点。**一是重视产业发展和城镇化互动。我国是发展中国家，经济建设是中心，经济发展是城镇化的支撑，城镇化是经济发展的结果，又必须促进经济持续发展。二是重视“城乡一体化”。在我们这样的农业大国，正确解决农村、农业、农民问题，在城镇化中占有特殊重要的地位。不能走牺牲“三农”的城镇化歧路。三是重视“就近城镇化”。充分发挥中小城市和小城镇的作用，就近转移人口，才能解决城镇人口容量问题、巨量人口流动问题和各类城镇人口分布严重不平衡的问题。中国把世界通行的“城市化”概念改为“城镇化”，就是出于这种考虑。四是重视现代化城镇体系建设。在宏观体系、中观体系、微观体系三个层次中，实施“中观突破”策略，把城市群建设作为城镇化的主体形态。五是重视“五位一体”。

在我们这样的发展中国家，城镇化进程中最容易出现的片面性是：重城镇建设，轻社会建设，不能及时解决新出现的城市“二元结构”问题；重经济效益，轻生态建设，不能及时解决环境恶化的问题；重现代化赶超，轻文化传承，不能很好解决文化建设问题；重实体建设，轻制度配套，不能适应城镇化管理的新要求。“五位一体”是根治这些病症的良药。

3. **抓住五种基本手段。**一是制定科学的系统的城镇化规划；二是建立“政府引导，多方参与”的运行机制；三是强化城镇化的法治保障；四是建立新型城镇化的评价体系；五是执行区别对待、分类指导的工作方针。

五、关于丛书出版

近年来，在党和政府的倡导下，我国一些党政机关、社会团体、研究机构、领导干部、专家学者和企业家，对新型城镇化已经做了很多研究，出了不少成果；国家立法机关和政府部门也在积极制定相关的规划，出台了不少相关政策和措施。新型城镇化已经出现了上下关注、多方献策的大好局面。特别是中央城镇化工作会议的召开和《国家新型城镇化规划（2014—2020年）》的发布，进一步明确了新型城镇化工作的方向和要求。

这些都为本丛书的编辑出版创造了良好的条件。

我们这套“中国新型城镇化理论与实践丛书”，意在强调理论和实践的结合，并希望能够通过丛书这种形式，集思广益、博采众长，集中归纳，突出重点，达到在认识上便于全面把握，在操作上又容易借鉴的目的。

本套丛书由三部分组成。

第一分册《中国新型城镇化概论》，是丛书的总论部分，全面论述了新型城镇化相关各个方面的基本问题。

第二分册到第五分册，是专论部分，分别就城乡一体化、人口问题、土地问题、资金和财税问题，做专门论述。

第六分册到第十分册，是实践操作部分，从全国选取不同类型的新型城镇化案例，每册对一个重点案例进行评介。

丛书采取开放形式，随着时间的推移，可能不断有新的分册加入。

鉴于新型城镇化的复杂性，社会上多有不同意见的讨论。本丛书提供的只是“一家之言”。如果本丛书能够对我国新型城镇化有所贡献，对新型城镇化的决策者和参与者有所帮助，那就是编者和作者最大的希望和欣慰了。

本丛书是艾丰经济发展研究院的一个重点策划项目，由于涉及内容广泛，篇幅比较浩大，有多位领导同志、专家学者和企业界朋友积极参与包括组织协调、讨论撰写、出版推广等各方面的工作。在此，主编者代表发展研究院向他们表示感谢。

目录
Contents

第一章 流动劳动力医疗卫生服务可及性的研究概述 001

001 一、提高流动劳动力医疗卫生服务可及性的必要性
003 二、提高流动劳动力医疗卫生服务可及性的重要意义
005 三、流动劳动力医疗卫生服务可及性的相关概念
015 四、流动劳动力医疗卫生服务可及性研究的理论基础

第二章 流动劳动力医疗卫生服务的基本状况 021

021 一、我国医疗保障制度的改革成果和存在的问题
026 二、流动劳动力医疗卫生服务现状
036 三、流动劳动力医疗卫生服务特征
040 四、流动劳动力异地就医的现状
045 五、流动劳动力异地就医存在的问题
049 六、影响流动劳动力医疗卫生服务可及性的因素

第三章 即时结报：影响医疗卫生服务可及性的技术视角 053

054 一、即时结报的政策背景和现实需求
060 二、影响流动劳动力异地就医即时结报的因素分析
064 三、即时结报的实践探索
072 四、即时结报的运行机制
077 五、即时结报的结算模式

第四章 转移接续：影响医疗卫生服务可及性的制度视角 084

085 一、转移接续的政策背景和现实需求
089 二、城乡医疗保障制度转移接续的实践探索
100 三、医保转移接续的实现路径
104 四、加强医保转移接续的顶层设计

第五章 社会办医：影响医疗卫生服务可及性的供给视角 109

110 一、当前我国社会办医面临的形势和必要性
118 二、社会办医的理论和实践
125 三、社会办医投资主体的特点和投资方式
129 四、社会办医的融资类型和特点
133 五、社会办医的融资渠道和特点
150 六、社会办医的典型案例
152 七、社会办医的启示和建议

第六章 激励相容：影响医疗卫生服务可及性的环境视角 157

157 一、经济机制设计理论的引入
161 二、经济机制设计理论的研究现状
169 三、经济机制设计理论模型构建
171 四、激励相容模型及应用

第七章 医疗卫生保障制度的国际经验 179

179 一、加拿大的全民医疗保健系统
186 二、美国的市场化医疗保障体系
190 三、德国的社会保险模式
193 四、英国的全科医生保障制度

第八章 提高流动劳动力医疗卫生服务可及性的政策建议 197

197 一、提高流动劳动力医疗卫生服务可及性的途径

200 二、提高流动劳动力医疗卫生服务可及性的政策建议

211 **附　录**

211 附录 1　调查问卷

216 附录 2　访谈提纲

219 **结束语**

221 **参考文献**

第一章

流动劳动力医疗卫生服务可及性的研究概述

一、提高流动劳动力医疗卫生服务可及性的必要性

全面建成覆盖城乡居民的社会保障体系是深入贯彻习近平总书记系列重要讲话精神和治国理政新理念、新思想、新战略，坚持以人民为中心，坚持以推进健康中国建设为引领，坚持把基本医疗卫生制度作为公共产品向全民提供的重要实践。2013 年 10 月党的十八届三中全会提出建立更加公平、可持续的社会保障制度的要求，2015 年 10 月党的十八届五中全会通过的“十三五”规划建议提出要坚持普惠性、保基本、均等化、可持续方向，增加公共服务供给，提高公共服务共建能力和共享水平。国务院文件也多次强调要做好流动人口公共卫生服务工作，提高进城务工人员及其子女基本医疗卫生服务可及性，促进农民工与城镇居民享受均等化的公共卫生服务。在国务院印发的《“十三五”推进基本公共服务均等化规划》中，提出到 2020 年，实现城乡区域间基本公共服务大体均衡、国家基本公共服务清单基本建立、基本公共服务供给保障措施更加完善、各领域制度规范衔接配套基本完备的目标。

新型城镇化提出农业转移人口市民化，“人的城镇化”是新型城镇化的关键。流动劳动力是农业转移人口的重要组成部分，社会保障权益是流动劳动力在市民化进程中的核心权益，而医疗保障又是其中至关重要的环节。因此，研究流动劳动力医疗保障状况和卫生服务利用问题对加快新型城镇化进程具有重要意义。随着社会主义市场经济制度的不断健全和完善，我国多类生产要素流动性都大大增强，尤其是农村劳动力城乡和异地流动规模不断扩大，目前我国流动人口[①]总量达2.45亿人，超过总人口的1/6[②]，被纳入城镇人口统计的2亿多农民工及其随迁家属为当地经济社会发展做出了突出贡献。虽然流动人口基本公共卫生服务、计划生育服务与社会医疗保险覆盖率稳步提升，但是流动人口在异地就医、就学、社会保障等基本公共服务方面尚未与城镇居民享受平等待遇。比如，由于各地城乡统筹的医疗保障制度正在改进完善之中，囿于各地财力不同、医保进度不一、医保政策不同，不同地区医保报销范围、报销比例、报销流程、定点医疗机构等有较大区别，影响了流动劳动力基本医疗保障的可及性，即使是统筹了城乡居民基本医疗保障的地区，也存在统筹层次较低、各地政策不一致、报销手续繁杂、定点医疗机构偏少、政策宣传不到位等问题，制约了医疗卫生政策的公平性和普惠性。我国每年因各类工伤事故死亡近14万人，其中近80%都是外来务工人员[③]，其中既有社会保险不健全的因素，也有看病难、看病贵、报销难的原因。确保流动劳动力医疗卫生服务的可及性是新时期卫生事业发展的题中应有之义，是关系到劳动力充分就业和城乡一体化进程的根本问题，是确保农村流动劳动力自由流动，享受

---

① 如无特别说明，本研究所指的流动劳动力和农民工、流动人口的概念不做特别区分，专指农村流动劳动力，即从农村流向城镇，不含城镇之间流动，也不含农村之间流动。

② 国家卫生和计划生育委员会流动人口司．中国流动人口发展报告2014［M］．北京：中国人口出版社，2014.

③ 何欣，吴蕾．返乡工伤致残农民工生存状况研究［J］．人口研究，2015，39(1)：96－103.

改革发展成果的重要保障。

目前流动劳动力医疗卫生服务可及性的突出问题主要体现在异地就医报销手续烦琐、报销地域受限、医保政策和待遇不统一、医保基金安全性受到挑战等，严重影响了医保制度的实施效果。虽然我国的医疗保障政策体系不断完善，中国广大城乡居民历史上第一次接近全面的医保政策覆盖，但随着流动人口普遍化、家庭化和区域化的趋势增强，对提高流动劳动力医疗卫生服务的及时性、适用性和便捷性提出了更高的要求，如何提高医疗卫生服务的公平性、效率、透明度和监管有效性，实现保基本、广覆盖、财务可持续等问题，是一个迫切需要深入研究的重大课题。

二、提高流动劳动力医疗卫生服务可及性的重要意义

随着新型城镇化进程的加快推进和医保制度改革的有效落实，居民流动性逐渐增强，异地就医成为普遍的就医方式。参保人员对医保的服务类型和服务方式提出了更高的需求。提高流动劳动力医疗卫生服务的可及性是减轻流动劳动力负担、提高医保资金安全、推进科学管理的有效手段，对于缓解看病贵、看病难问题，保障每一个劳动群体享有基本的社会保障权利具有重要意义，对于按照人人参与、人人尽力、人人享有的要求，坚守底线、突出重点、完善制度、引导预期，实现全体人民共同迈入全面小康社会的目标也具有参考价值。

第一，有利于增进社会公平。享受基本医疗保障是现代公民应该享有的基本权利，而提供医疗保障是现代政府的重要职责，医疗保障是社会减震器，提高流动劳动力的医疗卫生服务可及性有利于保障和改善民生，增进社会转型期的稳定，实现人人享有基本医疗卫生服务的目标，使流动劳动力充分享受改革发展成果。

第二，有利于增强经济发展新动力。流动劳动力是促进经济社会发展的基本要素，伴随着我国新增劳动年龄人口的逐步减少，人口红利正在消失，我国经济发展全面进入新常态，低成本人力资源和粗放式资源消耗推

动的经济增长难以为继，迫切需要转换发展动力，提高经济发展的质量和效率。而改进现有人力资源的配置是挖掘经济发展动能的重要方面，提高流动劳动力的卫生服务可及性有利于提高健康水平，降低健康风险，提高劳动者人力资本，增强其抗风险能力，是提高健康水平、促进个体和社会全面发展的重要保障，是适应新常态、引领新常态、促进经济快速平稳增长的重要保障。

第三，有利于加快新型城镇化历史进程。城镇化是现代化的必由之路，推进新型城镇化是解决农业、农村、农民问题的重要途径，是推动区域协调发展的有力支撑，是扩大内需和促进产业升级的重要抓手，对全面建成小康社会、加快推进社会主义现代化具有重大现实意义和深远历史意义。诺贝尔经济学奖得主斯蒂格利茨将中国的城市化与美国的高科技发展并称为“影响 21 世纪人类社会发展进程的两件大事”。国家统计局数据显示，2016 年我国城镇化率达到 57.35%，居世界平均水平。从第一、二、三产业所占的比例看，中国工业化程度已经达到 45%以上，农业总产值在国民收入中的比例已不足 10%。统计学意义上，世界一般国家到这个阶段的城市化率都会达到 60%—65%。而我国统计学意义上的城镇化率为 53%，实际户籍人口的城镇化率仅为 35%。目前我国城镇化进入“结构调整为主”“中小城市”加速发展和“回流”的新型城镇化阶段，农业转移人口市民化是新型城镇化的主要内容。

第四，有利于改进医疗保障制度供给。增进人民福祉、提升政府的执政能力是现代公共治理领域的重要课题，通过研究流动劳动力医疗卫生服务可及性、不断完善新型农村合作医疗制度，有利于全面把握流动劳动力与医疗卫生服务提供主体之间的博弈机制和影响路径，是完善城乡统筹的社会保障体系、建设公共服务型政府的根本体现，能够为政府部门完善医保制度提供决策依据。

第五，有利于提高公共医疗资源配置效率。交易成本是一项制度合理性和有效性的基本判断指标，公共医疗供给是各个国家政府的重要施政目标，也是居民的重要诉求。政府公共财政对医疗保障的投入力度不同，医保制度效果也有较大差别，究其原因是制度的有效性、兼容性不够，制度传导的路径没有完全理顺。通过研究影响流动劳动力医疗卫生服务可及性的重要环节，包括技术层面、制度层面、供给主体、需求主体、兼容性等多个视角，探索利用有限的公共财政资源提供居民能够承担的医疗保障成本，有利于提高公共医疗资源配置效率，从而在现有经济发展和公共财政负担范围内，真正实现保基本和广覆盖。

三、流动劳动力医疗卫生服务可及性的相关概念

流动劳动力的医疗卫生服务事关经济发展、社会和谐和全面小康社会建设，对于医疗卫生服务可及性包括流动劳动力医疗卫生服务可及性的研究文献也较多，是公共管理领域的一个热点社会实践问题，很多理论对此都有涉及。

（一）国内研究

流动劳动力是促进经济社会发展的基本要素，其对医疗卫生服务的基本需求是提高健康水平、促进个体和社会全面发展的重要抓手，提高流动劳动力的卫生服务可及性有利于解决社会主义初级阶段的基本矛盾，有利于实现社会和谐发展。因此，对流动劳动力医疗卫生服务可及性的研究是推进社会医疗保障制度可持续发展的重要条件，是实现宪法所赋予的全体公民享有社会保障权利的重要举措，是促进医疗保障事业发展的重要保证。

2009年，中共中央、国务院印发《关于深化医药卫生体制改革的意见》，将“实现人人享有基本医疗卫生服务”作为医改的目标[①]。党的十八大提出要坚持全覆盖、保基本、多层次、可持续方针，全面建成覆盖城乡

---

① 中共中央、国务院关于深化医药卫生体制改革的意见．2009年3月17日中发〔2009〕6号．

居民的社会保障体系①。在国务院印发的卫生事业发展“十二五”规划中强调要做好流动人口公共卫生服务工作，提高进城务工人员及其子女基本医疗卫生服务可及性，促进农民工与城镇居民享受均等化的公共卫生服务②。

虽然国家制定了一系列医疗保障政策，但是目前流动劳动力在医疗卫生服务的可及性上仍面临着一系列问题：

（1）公平性不够。流动劳动力异地就医费用远高于参保地区，参保人权益受损。

（2）效率不高。异地就医无法实现即时结报，必须采用垫付报销制，加重了流动劳动力的经济负担。

（3）统一性不足。流动劳动力回参保地报销的周期长、报销程序烦琐、报销成本高，同时各地医疗保险政策不同，经办机构没有实现就医的有效分流，使流动劳动力对国家政策产生不满。

（4）监管不强。经办机构难以实现对异地就医行为的监管，骗保行为时有发生，影响基金安全。

以上问题的出现，使得政府在投入大量人力、物力、财力的同时，并没有使流动劳动力得到应有的医疗卫生服务，没有实现基本医疗保障制度科学发展的目标。加强对流动劳动力医疗卫生服务可及性的研究有助于解决上述问题。

国内对医疗卫生服务可及性的研究主要集中在卫生服务可及性的定义、受益对象、影响医疗卫生服务的因素、提高可及性的应对措施等方面。流动劳动力是指具有农村户口、长期在城镇务工的15—64岁劳动年龄

---

① 胡锦涛．坚定不移沿着中国特色社会主义道路前进　为全面建成小康社会而奋斗［M］．北京：人民出版社，2012．

② 国务院关于印发卫生事业发展“十二五”规划的通知．2012年10月22日国发〔2012〕57号．

人口[①②]。目前还没有对卫生服务可及性定义的统一界定，有学者认为卫生服务可及性是指将卫生服务系统和服务人群联系在一起，通过个人实际发生的卫生服务利用来研究潜在的促进和阻碍服务利用的各种因素，可以分为潜在的可及性、实现的可及性、平等的可及性与不平等的可及性、有效的可及性和有效率的可及性[③]。梁万年（2006）将可及性分为地域上的接近、使用上的方便、关系上的亲切和价格上的公平合理等方面[④]。有研究认为新农合制度对农民卫生服务可及性的影响分为“身体的可及性”和“经济的可及性”[⑤]。

在对医疗卫生服务障碍性因素的研究方面，侯天慧（2008）从个人健康行为方式选择、家庭收入和体制性因素等方面分析影响农民参与新农合卫生服务可及性的因素[⑥]；有学者从卫生费用、社会参与、家庭因素等方面分析了农村居民卫生服务利用情况[⑦⑧]。

在对提高医疗卫生服务可及性应对策略的研究方面，耿瑛（2009）认为应该通过合理增加政府的卫生投入，提高流动劳动力的健康风险意识来

---

① 蔡昉．人口转变、人口红利与刘易斯转折点［J］．经济研究，2010（4）：4—13.

② 郑功成．农民工的权益与社会保障［J］．中国党政干部论坛，2002（8）.

③ 陈英耀，王立基．卫生服务可及性评价［J］．中国卫生资源，2000（6）：279—282.

④ 梁万年，等．全国社区卫生服务现状调查——医院服务与社区卫生服务的可及性比较［J］．中国全科医学，2006，9（11）.

⑤ 陈烈平，等．新型农村合作医疗对农民卫生服务可及性影响的研究——福建省罗源县、柘荣县新农合定性研究［J］．中国农村卫生事业管理，2008，28（5）：331—333.

⑥ 侯天慧．农村卫生服务的公平性与可及性障碍分析［J］．中国卫生经济，2008，27（8）：35—37.

⑦ 孙晓杰，等．甘肃省四县农村居民卫生服务可及性障碍比较研究［J］．中国卫生经济，2006，25（4）：39—41.

⑧ 吴长玲，方鹏骞．中国西部地区农村居民卫生服务不平等与潜在的可及性状况分析与对策探讨［J］．中国卫生事业管理，2007（8）：560—562.

提高卫生服务可及性[①]；流动劳动力对门诊的需求量较低，对住院医疗保险诉求最为迫切，尤其需要建立大额医疗费用社会统筹式的保险模式[②③]，同时进一步平衡和协调医疗卫生资源[④]；新型农村合作医疗制度可与大病医疗保险制度进行衔接和转化[⑤]。

有学者从供给侧角度分析了提高卫生服务可及性的各种可能途径和存在的问题，钟以君（2013）认为我国社会资本办医仍处于起步阶段，高壁垒、低盈利、缺担保是金融支持社会资本办医面临的主要问题[⑥]；黄明安等（2014）从制度和战略角度研究了社会资本办医存在的问题，认为区域卫生规划中对社会办医缺乏预留空间，非公立医疗机构融资困难，社会办医在准入、审核等方面存在很多障碍[⑦]；严妮（2014）在分析社会办医发展现状的基础上指出了社会办医面临的机遇和挑战，认为社会办医迎来了政策支持和社会环境的发展机遇，但同时也存在目的与定位不清、社会资本引入动力不足、可持续性发展困难、政府与市场角色混淆等问题[⑧]；郝丽君（2013）通过调查分析了山西省民营医院发展的状况，认为部分民营

---

① 耿瑛，等．增加政府投入提高医药卫生服务的公平性和可及性［J］．中国卫生经济，2009，28（3）：12—14．

② 王芳，刘娟，肖峥山，卢祖洵．农民工医疗保险在统筹地区实施的可行性分析［J］．社会保障制度，2005（4）．

③ 陶志勇．农民工社会保障问题忧思与求解［J］．社会保障制度，2005（4）．

④ 杨清红．农村医疗卫生服务的可及性研究——基于CHNS数据的实证分析［J］．暨南学报（哲学社会科学版），2012（8）：82—88．

⑤ 杨翠迎，黄祖辉．建立和完善我国农村社会保障体系——基于城乡统筹考虑的一个思路［J］．西北农林科技大学学报（社会科学版），2007（1）．

⑥ 钟以君．关于金融支持社会办医的几点思考［J］．金融经济，2013（14）：22．

⑦ 黄明安，陈恒．社会办医发展战略研究［J］．湖北中医药大学学报，2014，16（2）：128—129．

⑧ 严妮．社会办医的新时期：机遇、挑战与对策［J］．中国卫生政策研究，2014，7（7）：68—72．

医院在医疗服务、管理机制、人才培养和配套政策等方面存在问题[①]；苏斌（2013）详细介绍了云南省引进社会资本进行多元化办医的探索，并对比分析了公立医院委托经营模式、新建营利性医疗机构模式和公立医院私有化模式的典型案例[②]；陈普（2014）分析了我国外资医院准入中的制度性障碍，并从完善审批制度、设立分支机构和完善法律制度等方面提出了建议[③]。

针对社会办医的推进措施，学者们从人才评定、课题申报、管理制度、税收政策、医保政策等方面进行了研究。由于医生晋升职称是其价值实现的重要基础，因此在职称评定、人才管理、课题申报等方面的歧视性规定也成为非公立医疗机构难以吸引医疗人才的重要原因，成为社会办医的重要阻碍因素。对此，应该优化社会办医疗机构用人环境，培育和发展行业协会并由行业协会负责职业行为的管理，改进医院管理模式，完善信息管理系统，进一步出台对多点执业医师的行为规范管理政策[④]；拓宽融资渠道，建立科学的风险预警机制。张佳慧等（2010）从管理模式、治理结构、财政支持、医保制度、区域规划、慈善与税收优惠制度等方面构建了非营利性医院的融资政策支撑体系[⑤]。建议完善社会办医机构的财税、价格、用水、用电、医疗服务和药品供给政策。

从医院融资角度所做的研究主要集中在公立医院的融资行为、融资途径等。聂露分析了公立医院的市场融资行为，从信贷融资、租赁融资、股

---

① 郝丽君．新医改背景下山西省民营医院发展现状及对策研究［D］．太原：山西医科大学，2013.

② 苏斌．市场化视角下的云南省公立医院改革研究——以引进社会资本多元化办医为例［D］．昆明：云南大学，2013.

③ 陈普．外资医院准入制度研究［D］．石家庄：河北经贸大学，2014.

④ 郑文，黄非，雷敏．医师多点执业难的原因及对策［J］．卫生经济研究，2014（12）：11—13.

⑤ 张佳慧，董四平，方鹏骞．非营利性医院融资现状、关键因素与政策支撑体系研究［J］．中国医院管理，2010，30（3）：6—11.

权融资、托管融资、成立投资机构等融资途径探讨了风险控制问题①。潘莉（2014）对比分析了适合公立医院的银行贷款、融资租赁、发行债券和股权融资等融资渠道②。王戈（2012）从法律角度探讨了社会资本投资医疗机构的法制现状、特点和问题，并详细分析了投资中可能遇到的法律风险③。伍晓光（2009）从医疗机构的投资规制、筹资规制和税收规制方面分析了公立和民营医疗机构的投资主体和投资方式④。颜庭晶（2011）比较分析了美国的私人医疗保险模式、英国的国家医疗服务模式、日本的社会医疗保险模式和澳大利亚的社会医疗保险与私人医疗保险结合模式的特点，并结合中国实际讨论了我国投资国内营利性医疗机构的模式选择⑤。程哲（2011）运用 PEST—SWOT 模型介绍了民营医院 PPP 融资模式的结构体系和运作流程⑥。孙杨等（2010）介绍了城市交通、电力、水利等大型公共设施的 BOT（建设—运营—移交）和资产证券化的融资模式，并提出了对非营利性医院融资的借鉴与思考⑦。张佳慧（2009）从融资渠道和支持体系构建角度分析了非营利性医院的融资模式，并探讨了政府办非营利性医院、企事业单位办非营利性医院和其他非营利性医院的融资关键问

---

① 聂露．公立医院市场融资及其风险控制的研究［D］．重庆：重庆医科大学，2013.

② 潘莉．公立医院融资问题初探［J］．经济师，2014（1）：15—116.

③ 王戈．社会资本投资医疗机构的法律问题研究——以国药控股投资医疗机构为例［D］．上海：上海交通大学，2012.

④ 伍晓光．医疗机构投资规制的研究［D］．南京：南京中医药大学，2009.

⑤ 颜庭晶．社会资本进入医疗服务市场的路径选择——从产权理论看国内营利性医疗服务机构的投资机会［D］．上海：上海交通大学，2011.

⑥ 程哲．县级非营利性医院的 PPP 项目融资应用研究［D］．北京：清华大学，2011.

⑦ 孙杨，方鹏骞，张佳慧．不同地区医院与其他公共服务领域融资模式借鉴与分析［J］．中国医院管理，2010，30（3）：12—14.

题和政策环境[①]。贾文清、张威（2013）以门头沟医院为例分析了门头沟医院与凤凰医疗集团采用IOT（投资—运营—移交）模式进行合作的典型案例[②]。医院融资难的原因也是学者们关注的热点之一。危凤卿等（2014）认为社会办医融资难的原因主要是民办医疗机构的自身条件差、还款来源不稳定、银行授信风险大、《担保法》和《物权法》的规定限制了非公立医疗机构的抵押贷款[③]。公立医院产权制度改革将使医院获得更多的财政支持并提高医院融资效率[④]。

（二）国外研究

对医疗卫生服务可及性的研究一直是国际卫生领域研究的热点。国外学者主要从卫生服务可及性的定义、影响可及性的因素、可及性的研究对象、代表性指标、医保制度的评价等方面进行研究。

Penchansky R. 和 Thomas（1981）提出了可及性的利用性、获得性、适用性、负担性和接受性五方面分析框架[⑤]。有学者对可及性的定义进行了扩展，认为医疗服务的可及性可分为潜在可及性、实现可及性、平等可及性、不平等可及性、有效可及性和效率可及性（Aday，1997）。[⑥] Beck

---

① 张佳慧．我国非营利性医院投融资模式研究［D］．武汉：华中科技大学，2009.

② 贾文清，张威．公立医院试行IOT模式的实践［J］．医院院长论坛—首都医科大学学报（社会科学版），2013（2）：42—44.

③ 危凤卿，等．积极政策信号下社会办医之路的再探寻［J］．中国卫生经济，2014，33（5）：5—8.

④ 毕四岭，袁长海．公立医院产权制度改革及其对医院融资的影响分析［J］．卫生软科学，2005，19（6）：401—403.

⑤ Penchansky R.，Thomas J. W. The concept of access：Definition and relationship to consumer satisfaction. Medical Care，1981. Vol. 190（2）.

⑥ Lu Ann Aday，Ronald Andersen. Fostering Access to Medical Care［J］. Proceedings of the Academy of Political Science，1977，32（3）：29—41.

（1973）提出了“医疗冰山”的概念来说明可及性[①]。

影响卫生服务可及性的因素中，个人因素和卫生服务体系两方面共同作用影响了卫生服务利用和满意程度（Freeborn，1973）[②]。Anderson（1968）通过构建家庭卫生服务行为模型，认为环境因素、人群特征、卫生行为和健康结果等决定了卫生服务利用程度[③]。患者的个人意愿通过作用于卫生服务和疾病等方面的综合认知来影响卫生服务利用（Mechanic，1972）[④]。Jennifer E. DeVoe（2007）探讨了低收入家庭卫生服务可及性的影响因素[⑤]。

医疗卫生服务可及性的研究对象和指标方面。Cheryl Merzel（2000）利用调查数据分析了城市低收入社区卫生服务可及性的性别差异[⑥]。Huang等（2006）研究了美国移民家庭儿童的健康状况和卫生服务利用情况[⑦]。M. Kent. Ranson（2003）将每十万人拥有护士数量等七项指标赋予不同权

---

① Beck，R. G. Economic class and access to physician services under public medical care insurance [J]. Intl J. Health Serv，1973（3）：341.

② Freeborn，D. K，M. R. Green lick. Evaluation of the performance of ambulatory care system：Research requirement and opportunities [J]. Med. Care，1973（11）：68.

③ Ronald Andersen，Lu Ann. A Framework for the Study of Access to Medical Care [J]. Health Services Research，1974（9）：208－220.

④ Mechanic，D. Public Expectations and Health Care：Essays on the Changing Organization of Health Services. New York：Wiley，1972.

⑤ Jennifer E. DeVoe. Insurance Access≠Health Care：Typology of Barriers to Health Care Access for Low—Income Families [J]. Annals of Family Medicine，2007，5（6）：511－518.

⑥ Cheryl Merzel. Gender Differences in Health Care Access Indicators in an Urban，Low—Income Community [J]. American Journal of Public Health，2000，90（6）：900－915.

⑦ Huang et al. Health Status and Health Service Access and Use Among Children in U. S. Immigrant Families [J]. American Journal of Public Health，2006，96（4）：634－640.

重，得出卫生服务可及性障碍指数[①]。

国外有学者对农村劳动力向城市转移进行了研究，Lewis，W. A.（1954）通过对发展中国家和发达国家的人口流动研究得出，在工业化进程中农村劳动力向城市转移的影响因素及转移模型趋势，为中国研究流动人口市民化提供了基础理论。国外对医疗卫生服务公平性的研究对研究中国流动劳动力的医疗保障问题有参考价值。Mooney（1992）把健康公平定义为一种机会的均等。Rawls（1985）认为，社会选择应与我们的现实生活情况分离，不能受到利益集团的影响。凯恩斯和弗里德曼在经济发展的不同时期提出加强分配的均等化是保障社会稳定、促进发展的重要内容。Wagstaff（2000）对卫生服务的筹资公平进行了研究，提出要从垂直和水平两个方向对筹资公平性进行度量。Gottschalk（1989）比较了荷兰、美国、英国筹资体系的公平性，发现美国的筹资体系具有累退性，公平性相对较高。关于医疗卫生利用公平性的研究中，Lairson（1995）对澳大利亚的医疗卫生系统进行了数据分析，得出在相同条件下，富人对医疗卫生服务的利用率高于穷人，需要政府进行制度设计来提高公平性。

在对医保制度的评价方面，W. Van Damme 等（2004）分析了柬埔寨居民自付医疗费用和负债情况，认为出于生存的考虑，家庭通常会通过借贷、变卖生产性资产或减少对未来生产力的投资等方式，为家庭患病成员提供所需的医疗服务，这会给家庭的未来经济福利带来风险[②]。Ekman B（2004）评价了中低收入国家社区医疗保险的效果，通过对制度实施前后患者自付费用的规模、比例、医疗服务的可及性进行对比来评价保险制度

---

① M. Kent. Ranson，Kara Hanson. Constraints to Expanding Access to Health Interventions：An Empirical Analysis and Country Typology [J]. Journal of International Development，2003（15）：15—39.

② Van Damme W，Van Leemput L，Por I，et al. Our—of—pocket health expenditure and debt in poor households：evidence from Cambodia [J]. Trop Med Int Health，2004，9（2）：273—280.

的抗风险能力①。Diop F、Yazbeck A 等（1995）研究了赞比亚社区医疗保险中相关制度设计的制度效果，认为该项医疗保险制度在一定程度上增加了参保居民的疾病经济风险②。Capuno J（2006）运用社会健康保险的关键绩效指标体系对菲律宾和越南等两种医疗保障制度在资金筹集、风险共担和费用支付等方面的表现进行了评价，并认为其在抵御疾病经济风险方面的作用有限③。Yi Hongmei、Zhang Linxiu、Singer Kim 等（2009）利用面板数据对新农合的名义补偿率、承诺补偿率及实际补偿率对新农合的补偿情况等指标进行了评价，认为新农合没有实现其主要制度目标，没有保护农村贫困居民地域大病风险和减少因病致贫的情况发生④。

（三）文献述评

提高流动劳动力医疗卫生服务可及性是解决流动劳动力就医问题、促进农村快速发展的重要举措，是提升医保服务能力的基本保障，也是完善医保制度的重要内容。让流动劳动力尤其是外出务工流动劳动力及时享受医保制度带来的发展成果，有利于提高经办机构的工作效率，对于加强基金监管、提高居民健康水平和巩固医保制度具有重要意义。

通过文献分析发现，学界对流动劳动力医疗卫生服务可及性的研究逐渐从感性走向理性，从表面走向深入，各国大都依据本国的国情制定了适

---

① Ekman B. Community—based health insurance in low—income countries：a systematic review of the evidence [J]. Health Policy Plan，2004，19（5）：249—270.

② Diop F，Yazbeck A，Bitran R. The impact of alternative cost recovery schemes on access and equtiy in Niger [J]. Health Policy Plan，1995，10（3）：223—240.

③ Capuno J. Social Health Insurance for the Poor Programs of the Philippines and Vietnam [J]. Philippine Journal of Development，2006，33（1/2）：211.

④ Yi H，Zhang L，Singer K，et al. Health insurance and catastrophic illness：a report on the New Cooperative Medical System in rural China [J]. Health Economics，2009，18（S2）：119—127.

合本国特色的系统性的医保制度，同时也证明合理的制度设计和实施路径对于完善医保政策具有重要意义。我国自医保制度实施以来，来自各领域和学科的学者都很重视医保制度的发展，各地也都积极探索适合当地发展的政策，并取得了一定的成果。但同时也应该看到，以往研究大多是侧重于对整体人群医疗服务或特定区域老年人群卫生服务利用的分析，专门针对全国范围流动劳动力的研究还相对较少，并且对卫生服务可及性研究缺乏一套完整的分析视角。国内的实践探索主要集中于省内跨地区特定医疗机构的医保制度实施情况。随着我国经济的发展、人民生活水平的提高和跨区域流动性的增强，跨省异地就医逐渐成为流动劳动力的主要诉求，也必将成为新农合制度发展中的重要内容。

因此，对跨省异地就医和结算的研究成为医保制度下一步发展的主要环节，也是提高流动劳动力医疗卫生服务可及性的重要抓手。流动劳动力大多参加新农合制度，在目前各省的探索中，只有少数省份或采取与定点医疗机构签约的形式，或采取建立省级新农合信息平台的形式，实现了针对特定医疗机构的跨省就医即时结报，且大都处在初步试点阶段，同时因涉及较多部门，还未完全实现全国范围的即时结报。在医保制度的转移接续方面，国家虽然出台了一系列政策文件，但是各地在落实过程中仍面临许多问题，同时对医保管理部门、医疗机构、患者等各利益主体的激励不够，约束机制不强，对医疗机构的医疗服务监管和医疗服务供给缺乏有效的规划。因此，需要对医保制度的制度设计和加强参与主体的激励约束等方面进行深入探索，同时在政策制定和实施过程中，应考虑政策的实施范围和不同受益人群的特征，进行差异化研究。本书立足于加快城镇化和加强医疗保障制度建设的宏观背景，从需求和供给角度，结合各参与主体的功能定位，分别探讨流动劳动力的医疗卫生服务可及性。

四、流动劳动力医疗卫生服务可及性研究的理论基础

新农合是国家实行的、覆盖全体农民的合作医疗共济制度，基于新农

合的跨省即时结报是实现人人享有医疗保障目标的基本支撑，也是新农合制度发展的应有之义。它不仅有丰富的实践经验而且有深刻的理论基础，这些理论为我国当前新农合的发展方向提供了理论依据，也为政府的政策制定奠定了基础。新农合制度是社会保障制度的一种，因此其制度的构建和变革都受制度变迁一般规律的支配，同时，制度的变革通常会改变各类参与主体利益的重新分配，从而带来交易成本，另外，每一种社会保障制度都面临公平和效率的权衡（Trade—off）与抉择。

（一）制度变革理论

制度是约束人们行为的一系列政治、经济、文化规则，有正式制度和非正式制度之分。正式制度是人们专门为达到某种目标而制定的一系列政策法规、规章条例等。非正式制度则是以价值观、道德观、习俗、意识形态等为社会多数群体信仰的行为规范。本研究的研究对象是正式的制度——新农合的结算兑付制度。制度研究真正的兴起源于两位诺贝尔经济学奖得主科斯和诺思的开拓性研究。他们将经济学理论分析工具中最成熟的方法——供给需求分析方法和成本收益分析方法作为基础的制度研究方法，通过交易成本的概念比较制度的配置效率，从而使得人们可以衡量制度的优劣及其对经济发展影响的相对大小。制度的基本功能是创造一套交易的规则并降低不确定性。

制度的变革会导致规则的改变，人们为趋利避害，其行为方式就会发生相应的变化，从而导致经济发展方式和不同变量的作用大小发生改变。因此，有效率的制度安排会促进经济增长和社会发展，无效率的制度安排则会抑制甚至阻碍经济增长和社会发展。在技术不变的条件下，通过制度创新同样可以大大促进经济增长和社会发展。

新制度经济学认为转轨和改革实际是一系列制度变迁现象，制度变迁是一个从制度均衡到不均衡，再到均衡的不断演变的历史过程，各种制度的交错变迁构成了一定时期的历史延续。路径依赖的存在导致依靠内在因素自然演进来实现制度变迁的渐进改革方式必然难以使制度变迁脱离现有的“路径”，从而使制度变迁陷于困境，因此只能靠外在的政府力量通过激进式改革实现，这就是强制性制度变迁。而一些非正式制度如意识形态、道德观念等因素会由于制度不均衡所带来的预期收益大于变迁所带来的成本而发生改变，个人会努力接受新的价值观、道德等非正式规则，这是诱致性变迁。

我国60余年的经济社会发展历程也经历了对经济体制变革的系统性探索，最终逐步实现了由计划经济向社会主义市场经济的转型，这种大的转型意味着社会经济体制方方面面的变革，涵盖了政治、经济、社会、文化、生态等各个领域，至今仍然处于不断的改革发展中。我国的经济制度变迁过程是典型的诱致性变迁和渐进式改革方式。

在经历了计划经济的困难时期之后，我国自1978年以来由农村经济体制改革开始，逐步启动了由政府主导的诱致性的、从计划经济向市场经济的渐进式转型。这种转型的特点是在保持公有制为主体、社会主义基本制度不变的前提下，通过逐步的增量改革带同存量改革，逐步引入竞争，最终通过“试错”和“纠错”，“摸着石头”达到“过河”的效果。和激进式改革不同，渐进式改革既重视政府对维护法律和产权制度方面的作用，以及市场在调节资源分配中的基础性作用，承认必须加强法律、市场环境、市场主体规范性的建设，同时更加强调有机、渐进、减少利益摩擦和改革成本、使大多数人受益等原则，有机、务实和迂回地实现最终目标。

我国通过渐进式改革已经初步建立社会主义市场经济体系，具体包括以下几个主要方面：以公有制为主体、多种所有制共同发展的生产资料所有制；以市场为要素配置的基础同时伴以政府宏观调控的中国特色社会主义市场经济体制；以公司企业为主要形式，以产权清晰、权责明确、政企分开、管理科学为特征的新型企业制度；以按劳分配为主体、多种分配方式并存的收入分配制度，在初次分配和再分配中都强调效率和公平的并重；实现城乡统筹的完善的社会保障制度；实现外向型、有管制的自由贸易和汇率制度。这些制度的建立极大地解放了我国潜在的生产力，是我国实现30年经济持续快速增长的根本动力。未来需要继续转变政府职能；完善劳动力、资本等基本要素的自由流动市场；建立高效的服务型政府和社会保障体系；加强向包括生态环境保护在内的可持续发展的引导。

2013 年 11 月 12 日，中国共产党第十八届中央委员会第三次全体会议通过的《中共中央关于全面深化改革若干重大问题的决定》提出，要紧紧围绕更好保障和改善民生，促进社会公平正义，深化社会体制改革，改革收入分配制度，促进共同富裕，推进社会领域制度创新，推进基本公共服务均等化，加快形成科学有效的社会治理体制，确保社会既充满活力又和谐有序，吹响了我国医疗、教育、就业等民生及社会发展领域制度变革的最新号角。

党的十八届三中全会的决定对于深化医药卫生体制改革也进行了专门的论述：统筹推进医疗保障、医疗服务、公共卫生、药品供应、监管体制综合改革。深化基层医疗卫生机构综合改革，健全网络化城乡基层医疗卫生服务运行机制。加快公立医院改革，落实政府责任，建立科学的医疗绩效评价机制和适应行业特点的人才培养和人事薪酬制度。完善合理分级诊疗模式，建立社区医生和居民契约服务关系。充分利用信息化手段，促进优质医疗资源纵向流动。加强区域公共卫生服务资源整合。取消以药补医，理顺医药价格，建立科学补偿机制。改革医保支付方式，健全全民医保体系。加快健全重特大疾病医疗保险和救助制度。完善中医药事业发展政策和机制。鼓励社会办医，优先支持举办非营利性医疗机构。社会资金可直接投向资源稀缺及满足多元需求服务领域，多种形式参与公立医院改制重组。允许医师多点执业，允许民办医疗机构纳入医保定点范围。可以预期，新农合制度的发展在为居民提供更大便民服务功能的同时，将进一步成为深化医疗卫生体制改革的重要组成部分。

（二）交易成本理论

制度经济学认为交易是有成本的，是指人们在进行某种活动时，为履行契约所付出的时间和努力。威廉姆森在 1985 年出版的《资本主义经济制度》一书中对交易成本的定义做了明确规定。他认为交易成本有事前成本和事后成本，事前成本是指在签订契约关系时，交易双方在规定双方的权利、义务过程中所发生的费用；事后成本是指交易已经发生之后产生的成本，如为确保交易关系的长期性和连续性所发生的费用。判断一项制度（政策）是否有效，既要看该项制度（政策）对产权的分配是否公平合理，又要看该种制度（政策）是否便于执行，具有较低的交易成本。技术创新和新技术的应用有利于降低制度安排的成本，特别是信息技术的创新，既降低了信息本身的成本，同时也带来了组织成本的下降，从而提高该项制度（政策）的效率和可行性。内生的交易费用可能通过制度的创新和改进、习惯的形成而加以减少。部门的机会主义行为导致内生交易费用过高，需要政府进行强制制度变迁。而政府在强大的内外竞争压力下进行的制度创新，则成为社会发展和螺旋式上升的巨大推动力。

提高流动劳动力医疗卫生服务可及性是降低交易成本的重要实践。在以往的新农合制度流程中，参合流动劳动力在异地医院就医后，需要先行负担全部医药费，再将所需的单据带回参合地农村合作医疗管理办公室（以下简称合管办）进行报销，如果某个单据不合格，流动劳动力需要再返回就医医院重新办理单据等凭证，这大大增加了流动劳动力报销的交易成本，也容易出现假发票的问题。实行新农合即时结报业务，流动劳动力在办理出院结算时就可以立即进行报销，医院与参合流动劳动力所在地的合管办实时联网进行核算，极大地减轻了流动劳动力负担，也降低了新农合制度的交易成本，使得该项制度变迁能够更快和更广泛地推广实施。

（三）公平与效率理论

在福利经济学中，公平是指买方和卖方之间福利分配的平等性，交易双方的意愿或欲望能否得到满足是衡量分配是否公平的前提。公平包括机会公平、程序公平和分配公平。效率是指资源处于最优配置状态，经济运行所进行的任何改变都不以损害其他人的利益为代价而为任何人增进福利的一种状态。公平与效率是相互促进、相辅相成的内在统一体。有学者认为，公平和效率的相互促进作用必须通过确立公平原则并强制执行来调节人们之间的利益关系。但 Guth、Kliemt 和 Ockendels 认为效率必须以公平为前提，效率应该受到公平的支配。

新农合是我国社会保障体系的重要组成部分，人人都享有平等的社会保障权利，中共中央国务院在深化医药卫生体制改革的意见中也指出要坚持以人为本，以人人享有基本医疗卫生服务为出发点和落脚点，把基本医疗卫生制度作为公共产品向全民提供。新农合的公平性主要体现在筹资的公平性和补偿的公平性，即不同受益主体的经济负担和受益程度都是公平的。新农合的效率性通过减少农村居民“因病致贫”和“因病返贫”来促进社会公平。新农合即时结报业务的开展正是新农合公平性和效率性的重要体现，异地就医流动劳动力不需要再回原参合地申请报销，其在出院时只需要付自己承担的费用，既减轻了流动劳动力负担，又提高了经办机构的工作效率。

当然，由于流动劳动力医疗卫生服务可及性除涉及制度变革、交易成本优化、公平与效率兼顾等主要方面之外，还涉及如何发挥市场配置资源的作用、产权制度改革、医保管理者和经办机构的委托代理关系、不同主体之间如何找到最优机制设计等多个领域的问题，每个问题也都有对应的理论，如新公共管理理论、产权理论、委托代理理论、经济机制设计和激励相容理论等，我们将在涉及的具体章节再详细论述。

第二章

流动劳动力医疗卫生服务的基本状况

医药卫生体制改革的不断推进，医疗保障制度的不断完善，为改善流动劳动力医疗卫生服务情况提供了宏观制度环境。但流动劳动力作为全民医保的一个有机组成部分，其医疗卫生服务既有一般群体面临的共性问题，包括服务内容、供给主体、覆盖面、服务成本、结算流程等多个方面，也有其作为流动性、异地就业生活所衍生的异地就医、转移接续、即时结算等需求较为突出的个性问题。本章在简述我国医疗保障制度改革进展和存在问题的基础上，利用2014年国家卫生计生委流动人口动态监测数据，分析流动劳动力医疗卫生服务的总体状况和医疗服务特征，然后重点从政策、基本公共卫生服务、基本医疗服务、医疗费用、就医费用补偿、医疗服务利用、满意度等多个方面，对流动劳动力异地就医情况进行总体描述，对比分析了流动劳动力与非流动劳动力在就医平等性和就医满意度等方面的认知，以期得出流动劳动力医疗卫生服务可及性的概貌。

一、我国医疗保障制度的改革成果和存在的问题

目前世界各国都在进行卫生系统改革，以提升国民健康素质，增加人力资本，增强国际竞争力。改革的主要目标之一是提高医疗卫生服务的可

及性，即保证患者能够得到更多的医疗卫生服务①。党的十八大提出要坚持全覆盖、保基本、多层次、可持续方针，全面建成覆盖城乡居民的社会保障体系。因此，不断扩大基本医疗保障覆盖范围，确保人人享有基本医疗保障，提高卫生服务利用的可获得性是基本医疗保险事业发展的基础，是确保社会医疗保险制度可持续发展的重要条件，也是实现宪法所赋予的全体公民享有社会保障权利的需要②。

（一）我国医疗保障制度的改革成果

党的十八大以来，全国医疗卫生工作部门坚决贯彻落实中央的决策部署，深化医药卫生体制改革，我国的医疗保险制度经过多年的发展基本形成了城镇职工基本医疗保险、城镇居民基本医疗保险、新型农村合作医疗和城乡医疗救助制度组成的基本医疗保障体系。医保信息系统标准和网络基本形成，医保信息系统制度建设范围拓展，医疗卫生事业获得长足发展，人民群众健康水平显著提高。

一是公立医院改革加快推进。省级层面，国家卫生计生委首批确定江苏、福建、安徽、青海 4 省为综合改革试点省，将公立医院改革作为核心任务部署推进。市级层面，国家级联系试点城市 2015 年增加到 100 个。县级层面，已有 75％的县（市）和 76％的县级公立医院启动了县级公立医院综合改革，2015 年实现全覆盖目标③。各地紧紧围绕破除以药补医、创新体制机制、调动医务人员积极性这三个关键环节，落实政府责任，强化公益性，统筹推进改革。试点城市公立医院医药费用增幅明显回落，全国医药费上涨势头得到初步遏制。国家卫生计生委、财政部、发改委等七部委联合下发通知，要求所有地方在 2017 年 7 月 31 日前都要出台改革实施方

---

① 舍曼·富兰德，等著．卫生经济学[M]. 王健，等译．北京：中国人民大学出版社，2011.

② 陈文玲，易利华主编．2011 年中国医药卫生体制改革报告［M]. 北京：中国协和医科大学出版社，2011.

③ “十二五”以来特别是党的十八大以来我国医疗卫生事业成就巨大．人民日报，2015－10－14.

案，9 月 30 日前全面推开公立医院综合改革，全部取消药品加成。继续深化县级公立医院综合改革，到 2017 年年底，全面实行以按病种付费为主，按人头付费、按床日付费等复合型付费方式。医疗服务收入占业务收入比重提升，自付医疗费用占总医疗费用比例下降的目标。

二是全民医保体系不断完善。我国已经织起了世界上最大的基本医疗保障网，2015 年，城镇职工基本医疗保险、城镇居民基本医疗保险、新型农村合作医疗保险三项基本医疗保险参保人数超过 13 亿，参保率保持在 95%以上，较 2010 年提高了 3 个百分点。2015 年新农合、城镇居民医保人均筹资增加到 500 元左右，其中政府补助标准提高到 380 元，比 2010 年的 120 元增长了 2.2 倍。2014 年三项基本医疗保险住院费用政策范围内报销比例均达到 70%以上。城乡居民大病保险全面实施，覆盖城乡参保居民超过 10 亿人，报销比例不低于 50%。疾病应急救助 14 万人次，重特大疾病医疗救助全面开展，医疗救助制度进一步健全。

三是基层综合改革持续巩固深化。基层医疗卫生机构内涵建设不断加强，全国有 1300 所乡镇卫生院被评为“群众满意的乡镇卫生院”。乡村医生队伍得到稳定和优化，26 个省份出台了加强乡村医生队伍建设的实施方案。建立了国家基层医疗卫生机构综合改革重点联系点制度，覆盖 17 个省 34 个县，在完善人事分配制度、绩效考核、服务模式转变等方面积累了经验。公共卫生服务项目得到有效实施，2016 年人均经费补助标准从 40 元提高到 45 元。

四是社会办医不断增加。医疗卫生服务体系在规划时为社会办医预留了空间，着力消除阻碍社会办医发展的政策障碍，对非公立医疗机构提供的医疗服务实行市场调节价。截至 2014 年年底，民营医院达到 1.25 万家，比 2010 年增加了 5478 家，占医院总数的 48.5%；非公立医疗机构的诊疗人次数达到 16.8 亿，占全国总诊疗人次数的 22%，提前实现 20%的规划目标。

五是人口健康信息化建设加快推进。29 个省份开展居民健康卡应用试点，14 个省 126 个地市建立了省级、地市级卫生信息平台，不同程度地实现了区域内互联互通。

（二）我国医疗保障制度存在的问题

我国医疗保障在适应经济发展和保障居民医疗服务需求方面发挥了重要作用，但是随着经济社会的发展和改革进入深水区，医疗保障制度越来越难以适应社会主义市场经济的发展和居民的就医服务需求，亟须借鉴国际经验改革医疗保险制度。总体来看，我国医疗保障制度主要存在以下几点问题。

第一，法律法规的权威性不足。加拿大等发达国家的经验表明，高效的法律法规保障是卫生信息化发展的基础和前提。我国医保制度尤其是卫生信息化发展缺乏法律法规的有效保障，目前存在法律法规建设滞后、不健全，缺乏相关配套政策和实施细则，数据信息安全性不高等问题。应借鉴加拿大医疗保险在立法保障方面的有益经验，严格区分和界定联邦政府和省区政府在权力和责任方面的边界，同时结合中国人口多、地区差异大等特点，建立全国性的立法体系，结合地区发展特点在保障地区发展创新性和积极性的基础上建立省（区、市）的政策法规和具体实施办法。

第二，新农合政策实施效果有待增强。新农合作为普惠性较强的国家基本医疗保障制度之一，在解决农民看病难、看病贵的问题上起了举足轻重的作用，在促进全面建成覆盖城乡居民的基本医疗保障体系中发挥了不可替代的作用，对提高农村流动劳动力卫生服务利用程度有重要意义。新农合建设的成果一方面惠及了广大农民，另一方面也存在很多制度建设和普及发展中的问题。有研究指出新农合制度的实施并没有提供应有的医疗保障，参合成员并没有享受更多的医疗服务，医疗支出仅取决于疾病的严重程度①，新农合制度在减少大病支出方面的作用比较有限②。在对新农合

---

① 赵曼，张广科著. 新型农村合作医疗保障能力研究 [M]. 北京：中国劳动社会保障出版社，2009.

② Sun，X.，A. C. Sleigh，G. A. Carmichael and S. Jackson，2010，“Health Payment—induced Poverty under China's New Cooperative Medical Scheme in Rural Shandong”，Health Policy and Planning，2010：1—8.

医疗服务的利用研究方面，有学者认为新农合没有提高对正规服务的利用率①，也有学者认为新农合增加了对住院服务的利用率②。因此，新农合对卫生服务利用的影响是积极的还是消极的，以及影响程度方面还没有统一的定论，实施效果尤其是受益覆盖面还有待增强。

第三，卫生数据标准体系不完善。与发达国家相比，我国卫生信息化标准体系建设不健全，医疗信息化程度不高，卫生数据标准不足，缺乏符合我国发展阶段和医保制度的医药卫生信息化标准体系。由于卫生数据标准体系不完善，导致医院信息系统重复开发率高，建设标准和技术规范滞后，医院业务流程缺乏指导规范，各个卫生机构独立开展业务，卫生信息系统分割、信息分散、连续性差，无法移植和推广，数据共享和交换更是难以实现。这些严重导致资源的大量浪费和闲置，卫生信息化建设成本增加，效率降低，限制了行业内部的信息共享、交流和开发利用，形成了大量“信息孤岛”问题，给卫生信息部门间的沟通交流和信息共享带来了障碍，降低了信息资源配置的效率，严重阻碍了医院和我国卫生事业发展。

第四，信息安全标准不高。信息安全标准是医疗保险信息化有效运行的“守门人”，加拿大十分重视国家的信息安全，出台了保护信息安全的法律规范和制度框架，各省也在国家标准的基础上针对本省实际情况做出了相应规定。我国针对信息安全的立法十分匮乏，缺少针对信息安全的管理、标准等方面的具体法律文件，导致出现实际工作中的执行力不强、法律效力不高、有效性不足等问题，制约了工作的顺畅有序开展。

第五，卫生专业人才供给不足。人才是推动卫生事业发展的基本要素

---

① Lei，X. and W. Lin，2009，“The New Cooperative Medical Scheme in Rural China：Does More Coverage Mean More Service and Better Health?”，Health Economics，18：25—46.

② Yu，B.，Q. Meng，C. Collins，R. Tolhurst，S. Tang，Fei Yan，L. Bogg and X. Liu，2010，“How Does the New Cooperative Medical Scheme Influence Health Service Utilization? A Study in Two Provinces in Rural China”，BMC Health Services Research，10：116.

之一，目前我国卫生信息领域的专业人才面临数量不足、质量不高、接受培训较少、技术缺乏、创新能力不高的问题，尤其是技术和医学专业的综合性人才严重缺乏。因此，人才短板成为制约卫生信息化发展的主要障碍之一。主要原因一方面是由于卫生信息专业人才的培养机制不健全，资金投入不足，培养体系缺乏统一有效的规划。另一方面由于国家和单位对卫生信息人才的重视程度不够，导致个人对职业发展缺乏职业规划等。

二、流动劳动力医疗卫生服务现状

医疗卫生服务包括对患者进行诊断、治疗、防疫、接生、计划生育等各方面的服务，以及与之相关的药品、医疗用具、就医住宿和伙食提供等辅助服务。本部分利用国家卫生计生委流动人口动态监测调查数据进行分析。流动人口动态监测调查始于2010年，调查内容分个人问卷和社区问卷，涵盖了人口流动迁移和城镇化、流动人口的生存发展和社会融合、流动人口基本公共服务均等化、流动人口卫生计生服务管理等内容。本研究以2014年全国流动人口动态监测数据为分析对象，该调查以31个省（区、市）和新疆生产建设兵团2013年全员流动人口年报数据为基本抽样框，采取分层、多阶段与流动人口规模呈比例的抽样方法，从省、市（地区）、县（市）、乡（镇）、村（居）委会抽取调查对象，抽取在流入地居住1个月以上，年龄在15—59周岁的跨县市区流动人口，样本量为200937人。

（一）流动劳动力的基本特征

表2—1列出了本次被调查流动劳动力的基本特征，包括受教育程度、户口、婚姻状况、流动范围、年龄、月收入、工作类型、工作区域等。表2—1分性别统计了以上指标的具体信息。

总体来看，一半以上的被调查流动劳动力的受教育水平是初中，高中的占20.55%。男性未上过学的比例为1.01%，低于女性未上过学的比例，也低于总体未上过学的比例；男性大学本科教育程度的比例为4.3%，高于女性0.47个百分点。这说明受教育水平中存在性别差异，男性流动劳动力的受教育程度普遍高于女性。户口状况未见明显的性别差异，有84.14%的流动劳动力是农业户口，农业与非农业转换居民的比例仅有1.18%。婚姻情况指标中，74.8%的流动劳动力是初婚，21.6%的是未婚，再婚、离婚、丧偶的比例极少；分性别来看，女性初婚比例高于男性4个百分点。在流动劳动力的流动范围中，50.96%是跨省流动，30.33%是省内跨市流动，男性的跨省流动比例比女性高出1.47个百分点。从年龄分布来看，年龄主要集中于20—39周岁，人数占整个年龄段的66.82%，女性流动劳动力与男性相比，更具有年轻型特征，20—29周岁人口占比高于男性3.5个百分点，50—59周岁女性人口占比低于男性1.78个百分点。月收入是衡量流动劳动力基本特征的主要指标，54.96%的流动劳动力的月收入在2000—3999元之间，4000—5999元之间的占比为21.58%，男性的月收入普遍高于女性，月收入在4000元以上的比例为39.07%，而女性处于该水平的比例为20.09%，低于男性19个百分点。月收入在2000元以下的女性比例高于男性11个百分点，充分说明了男性具有与女性不同的收入结构，体现了人力资本的性别差异。流动劳动力的工作类型以雇员和自营劳动者为主，工作区域主要分布在市区，城乡接合部也有少量流动劳动力。工作类型和工作区域指标中的性别差异不大。

表2-1 流动劳动力的基本特征

	基本特征	男性比例（%）	女性比例（%）	总计比例（%）
受教育程度	未上过学	1.01	2.36	1.57
	小学	10.92	14.31	12.32
	初中	53.78	51.18	52.7
	高中	21.41	19.33	20.55
	大学专科	8.26	8.67	8.43
	大学本科	4.3	3.83	4.1
	研究生	0.33	0.32	0.32
	总计	100	100	100

续表

	基本特征	男性比例（%）	女性比例（%）	总计比例（%）
户口	农业	84.25	83.98	84.14
	非农业	14.58	1483	14.68
	农业转居民	0.92	0.91	0.92
	非农业转居民	0.25	0.28	0.26
	总计	100	100	100
婚姻状况	未婚	23.66	18.69	21.6
	初婚	73.16	77.1	74.8
	再婚	1.24	1.41	1.31
	离婚	1.66	2.16	1.86
	丧偶	0.28	0.64	0.43
	总计	100	100	100
流动范围	跨省流动	51.57	50.1	50.96
	省内跨市	30.09	30.66	30.33
	市内跨县	18.34	19.24	18.71
	总计	100	100	100
年龄	15—19	5.18	4.68	4.97
	20—29	32.68	36.18	34.13
	30—39	32.52	32.92	32.69
	40—49	23.5	21.88	22.83
	50—59	6.12	4.34	5.38
	总计	100	100	100
月收入	2000元以下	8.76	19.95	12.94
	2000—3999元	51.99	59.96	54.96
	4000—5999元	26.31	13.63	21.58
	6000元以上	12.94	6.46	10.52
	总计	100	100	100

续表

	基本特征	男性比例（%）	女性比例（%）	总计比例（%）
工作类型	雇员	56.36	60.15	57.77
	雇主	9.51	8.12	8.99
	自营劳动者	32.13	30.08	31.36
	其他	2.01	1.66	1.88
	总计	100	100	100
工作区域	市区	42.89	45.43	43.84
	城乡接合部	18.81	17.38	18.28
	县城	9.76	9.33	9.60
	乡镇	16.76	17.24	16.94
	农村	11.37	10.5	11.05
	其他	0.4	0.12	0.3
	总计	100	100	100

数据来源：2014 年国家卫生计生委流动人口动态监测数据，如无特殊说明，本节以下数据均来自于此。

（二）流动劳动力的基本公共卫生服务

第一，居民健康档案建档率较低。在本地居民居住的社区建立居民健康档案的调查中，有 54%的流动劳动力表示没有建立健康档案，仅有 23%的居民建立了健康档案（见图 2—1）。可见，居民的健康档案建档率还有很大发展空间，尤其是电子健康档案。健康档案的建立不仅是提高流动劳动力基本公共卫生服务水平的重要内容，也是充分体现我国信息化发展程度的重要指标。

第二，居民以接受生殖与避孕、性病防治和营养健康教育为主。在流动劳动力所接受的健康教育中，生殖与避孕占 18.6%，艾滋病防治占 15.8%，营养健康知识占 14.2%，接受精神障碍防治的健康教育较少（见图 2—2）。

第三，流动劳动力主要在本地村（居委会）或卫生部门接受健康教育。流动劳动力接受健康教育的地点比较分散，主要集中在流入地的村

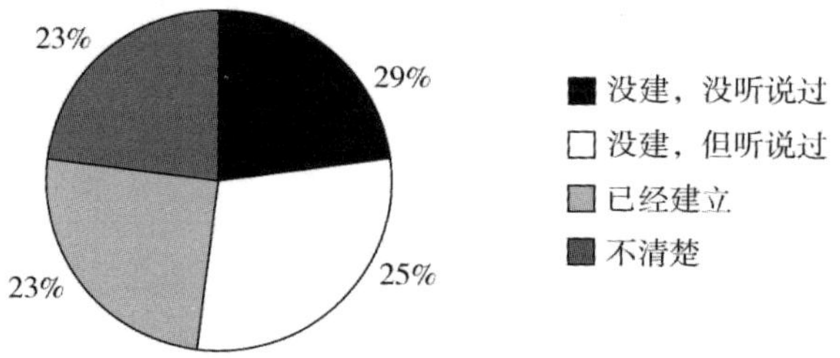

图 2—1　在本地居住的社区建立居民健康档案情况

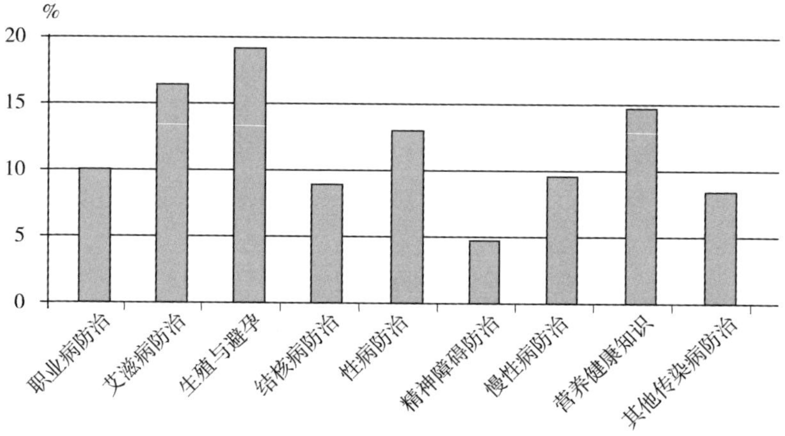

图 2—2　接受健康教育情况

（居委会）或卫生部门。排在前三位的分布是本地村（居委会）、本地计生机构和本地卫生机构，在本地村（居委会）接受健康教育的占 23.18%，在本地计生机构接受健康教育的占 18.7%，本地卫生机构的比例为 13.8%（见图 2—3）。

第四，流动劳动力主要从宣传栏、广播和电视中获取健康知识。宣传栏、广播/电视节目、健康知识讲座是流动劳动力获取健康知识的主要途径，其占比分别为 22.2%、17.9%和 14.3%（见图 2—4）。可见，传统的信息传播途径仍是流动劳动力获取知识的主要方式，随着电子设备的普及和信息化的发展，新媒体的运用将逐渐改变信息传播途径，流动劳动力也必将改变信息获取方式。

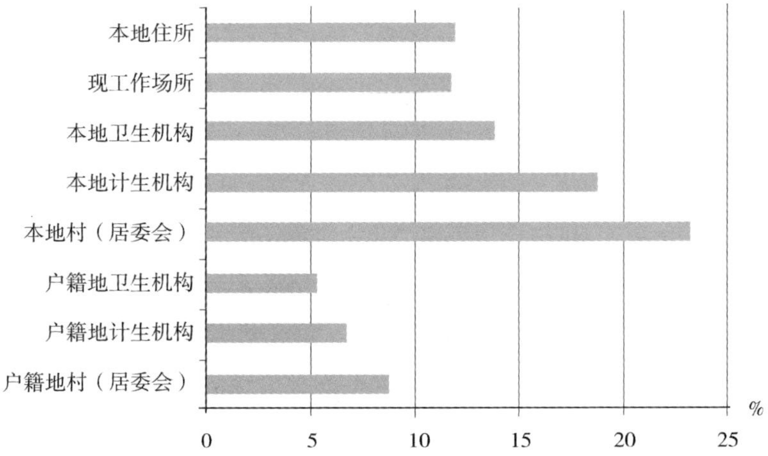

图 2－3　接受健康教育的地点分布

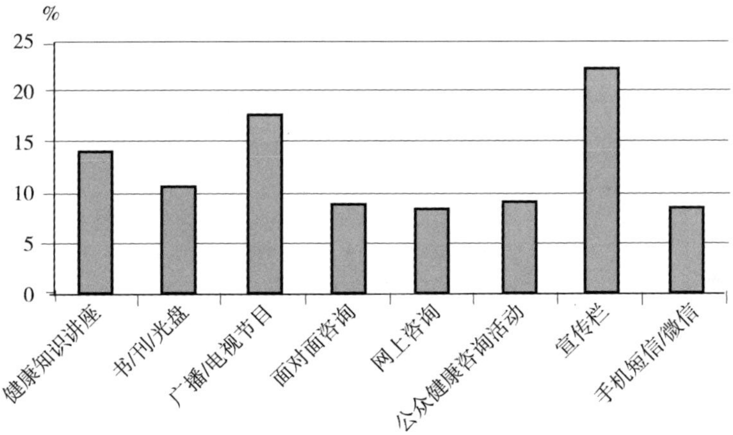

图 2－4　接受健康教育的方式

（三）流动劳动力的基本医疗服务

第一，流动劳动力以参加新农合为主。流动劳动力大多是农村居民通过跨省或者省内跨市流入市区或者城乡接合部工作和生活，因此大多是参加新农合医疗保险，所占比例达到了 52.3%，工伤保险和城镇职工医保也是流动劳动力参加的主要保险类型（见图 2—5）。

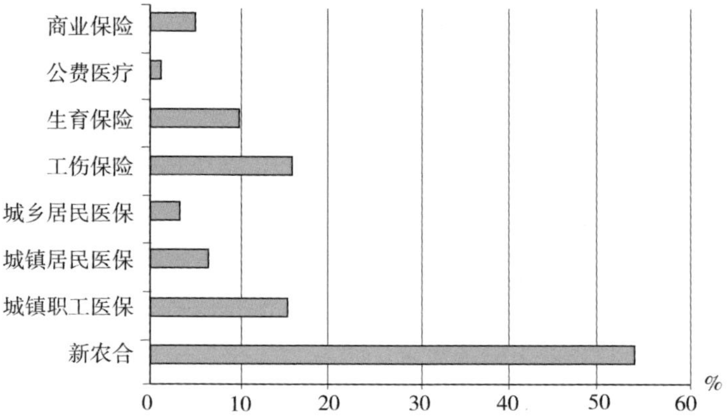

图 2－5 参加医疗保险情况

第二，就医机构以县级和地市级公立医院为主。最近一年有过住院经历的6503名流动劳动力中，有70.97％的人选择在本地就医，20.78％的人选择在户籍地就医。就医医院主要以县、区级公立医院和地市级公立医院为主，其比例分别为42.27％和31.74％（见表2－2）。可见，公立医院仍是居民就医的首选，大力发展民营医疗机构，充分实现分级诊疗是缓解公立医院看病难的主要措施。

表 2－2 近一年就医人群的住院医院级别

住院医院的级别	人数（人）	百分比（％）
乡镇卫生院	628	9.66
社区卫生服务中心	76	1.17
县、区级公立医院	2749	42.27
民营医院	382	5.87
地市级公立医院	2064	31.74
省级及以上公立医院	604	9.29
总　　计	6503	100

（四）流动劳动力的医疗费用

在所调查的最近一次住院医疗花费中，平均就医费用为8758元，平均报销额为 2593 元，基本医保报销额为 2139 元，自己平均支付 5092 元。医疗费用、报销额和自付水平在地区间、不同医疗机构之间和性别之间也存在差异。

如图 2—6 所示，在最近一次的住院花费中，西藏自治区的平均住院花费最高为 16310 元，其次是吉林省、辽宁省、黑龙江省、内蒙古自治区、重庆市、河北省、贵州省，平均住院花费都在万元以上，广东省的平均住院花费最少。住院费用的高低除了与当地医疗服务价格有关外，还与患者的疾病种类、患病程度等有关。广东省的年轻人口比重大，住院花费相比老年型城市要低。从报销额来看，西藏自治区的报销额最高，其次是辽宁省，河北省最低。实际补偿比反映了流动劳动力的医疗负担，是衡量新农合制度保障程度的重要指标，从图 2—6 可以看出，西藏自治区的实际补偿比达到了 52.8%，青海省次之为 45.8%，山西省和四川省的实际补偿比也在 40%以上，河北省的实际补偿比最低。实际补偿比反映了地区间报销目录、起付线、封顶线和补偿比例的实际差异，是患者实际负担的真实体现。

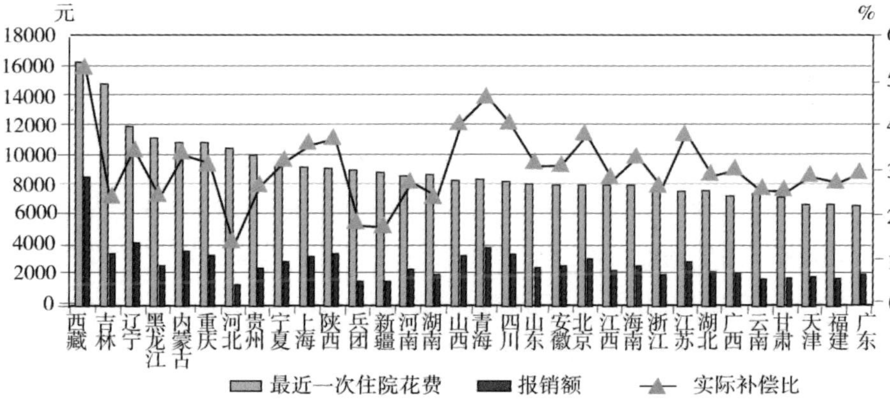

图 2—6　流动劳动力住院花费、报销额和实际补偿比的省际比较

流动劳动力的医疗费用在不同级别的医疗机构也具有不同的住院花费和补偿比例。如表 2—3 所示，省级及以上公立医院的住院就医费用最高达到了人均 18052 元，其次是地市级公立医院，乡镇卫生院的住院支出最低为

3915 元。与民营医院相比，公立医院具有降低就医费用的优势，民营医院就医的自负比例高达 65.79%，不同级别的公立医院，患者的自负比例也不尽相同，医院级别越高，患者的自负比例越高，如省级及以上公立医院的自负比例为 61.78%，地市级公立医院为 57.92%，乡镇卫生院为 54.51%。实际补偿比例也体现医院级别越低，补偿比例越高的趋势。因此，鼓励患者向基层医疗卫生机构下沉，不仅可以降低患者就医费用，减轻就医负担，还有利于落实我国分级诊疗的制度建设目标，对于形成科学有序就医格局，提高人民健康水平，进一步保障和改善民生具有重要意义。

表 2—3　不同级别医疗机构的住院支出、自负比例和实际补偿比例

住院医院的级别	平均住院总支出（元）	自负比例（%）	实际补偿比例（%）
乡镇卫生院	3915	54.51	31.01
社区卫生服务中心	5196	61.64	27.71
县、区级公立医院	7104	59.42	30.74
民营医院	7474	65.79	24.59
地市级公立医院	9464	57.92	31.97
省级及以上公立医院	18052	61.78	27.9
总　　计	8561	59.48	30.29

调查结果还发现，住院总支出也存在性别差异，总体来看平均住院支出为 8561 元，男性的平均住院支出为 13666 元，而女性仅为 6999 元。这一方面说明不同性别的流动劳动力面临不同的健康风险，另一方面说明男性是流动劳动力的主力军，具有较强的健康保健意识。

（五）流动劳动力的就医费用补偿

第一，报销方式以新农合出院减免为主。在有过住院行为并报销住院费用的流动劳动力中，新农合出院减免是流动劳动力的主要报销方式，其所占比例为 39.3%，其次是本地医保中心报销和新农合办公室报销，其比例分别为 15.6%和 14.2%（见图 2—7）。由于新农合是流动劳动力参加的主要医保制度，因此新农合制度范围内的基本报销方式是流动劳动力的首选。

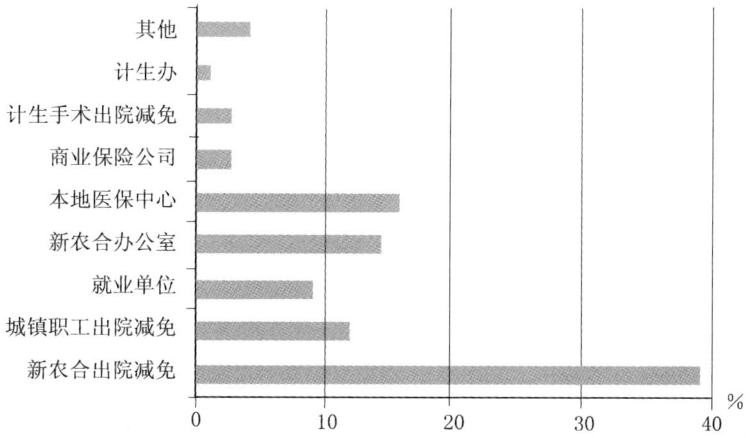

图 2-7 最近一次住院费用报销方式

第二，没参加保险和不方便是就医费用不报销的原因。在没有报销住院费用的原因统计中，没参加保险、报销不方便和政策不允许是阻碍其报销就医费用的主要原因（见表 2—4）。

表 2-4 没有报销住院费用的原因

没有报销住院费用的原因	人数（人）	百分比（%）
没参加保险	861	35.71
回老家，不方便	643	26.67
不知道报销流程	150	6.22
报销手续烦琐	156	6.47
政策不允许	264	10.95
下次回老家办理	197	8.17
其他	140	5.81
总计	2411	100

三、流动劳动力医疗卫生服务特征

（一）群体特征和健康状况导致医疗服务利用水平较低

从前文的分析可以发现，年轻、受教育水平低、收入不稳定、健康状况较好、健康意识薄弱是流动劳动力的重要特征。根据从业类型看，流动劳动力中，合同制员工和临时工的比例更大，这部分人的工作不稳定，其健康投入受到收入不稳定的客观限制；另外，流动劳动力多为青壮年，自感健康状况良好，且大部分中低层流动劳动力文化程度不高，健康知识比较匮乏，健康意识相对较差，这是造成部分人患病不就诊和没有接受过健康保健服务的主要原因，与昆山、北京、上海等地的研究结果基本一致[①②③]。多项研究表明，流动劳动力的医疗服务具有“三低二高”现象，即两周患病率、两周患病就诊率和年住院率低，两周患病未就诊比例和年应住院未住院比例高。如徐郭强利用2008年卫生服务调查数据分析，发现外来务工人员在两周患病率和健康状况自评等方面的情况均优于本地人口[④]；黄金辉调查了四川成都和山东安丘两地新城镇居民的卫生服务需求，研究发现样本人群的两周患病率和半年慢性病患病率均低于全国城市水平[⑤]。这一方面由于流动劳动力平均年龄较低，以青壮年劳动人口为主，

---

① 周海清，高丹丹，常文虎，等. 北京市某区流动人口卫生服务需求及利用的调查研究［J］. 中国全科医学，2011，14（4）：373—376.

② 张建军，张晓华，赵建忠，等. 北京市丰台区流动人口健康与卫生服务利用情况调查［J］. 首都公共卫生，2008，2（4）：162—164.

③ 杨菊，张开金，顾华，等. 昆山市流动人口卫生服务需求及利用和影响因素研究［J］. 中国全科医学，2007，10（1）：82—84.

④ 徐郭强. 上海新二元结构下居民医疗服务利用的差异、原因及对策研究［D］. 上海：上海工程技术大学，2011.

⑤ 黄金辉. 新城镇居民的卫生服务需求和医疗保险研究［D］. 上海：复旦大学，2007.

健康的体魄是流动劳动力到外地工作的最基本要素①，第六次人口普查的数据也显示，流动劳动力多为15—49周岁的年龄段人口②。另一方面则由于流动劳动力限于经济、时间及医疗保险可携带性等条件，未能及时获取医疗服务。

（二）就诊流向以基层医疗机构为主

流动劳动力一般选择在私人诊所、社区医院、县（区）级公立医院等基层医疗机构看常见病。陈勇平对广州市天河区农民工就医行为的研究显示，农民工在私人诊所、社区医院和城中村医务室就医的比例分别是32.37%、26.09%和20.77%③；张洪涛对武汉市外来流动人口卫生服务利用现状的研究也表明，流动人口就诊医疗机构以私人诊所和社区卫生服务中心（站）为主，分别占40.41%和19.17%④。这主要是因为流动劳动力多从事劳动密集型职业，收入低、私人时间少限制了他们选择更高一级医疗机构就医的意愿，而更倾向于选择医疗服务价格较低且候诊时间相对较短的基层医疗机构。

（三）报销周期长，个人疾病经济负担显著提高

由于统筹地区间的报销政策存在差异，因此流动劳动力异地就医后难以及时得到基金补偿，主要采用垫付报销的方式，有调查显示，76.6%因异地工作而异地就医的人群通过这种方式进行支付。同时，由于人口流动多由欠发达地区向发达地区流动，这些地区经济发展水平较高，且医疗资源相对集中，医疗成本较流出地也显著提高。袁雁飞等通过对某市15—24

① 刘央央．一个健康悖论：面向流动人口基层医疗卫生供给研究——以浙江为例［J］．商，2012（9）：133－134.

② 罗淳，舒宇．中国人口“城”“镇”化解析——基于人口普查数据的观测［J］．人口与经济，2013（4）：3－11.

③ 陈勇平．广州市天河区农民工就医选择行为与医疗保障研究［D］．武汉：华中农业大学，2009.

④ 张洪涛．武汉市外来流动人口卫生服务利用现状及影响因素分析［D］．武汉：华中科技大学，2006.

岁青年流动劳动力卫生服务利用情况调查的分析发现，被调查人群次均门诊费用和人均住院费用分别为359.54元和4599.71元，高于全国卫生服务农村人口数据的128元和3685元①。这些因素均直接增加了患者的疾病经济负担。另外，由于医保经办部门对异地就医的监管困难，需要更详细的就医凭证及费用凭证进行确认，因此流动劳动力往往为准备报销材料多次往返于居住地与户籍所在地之间，无形中间接增加了患者的疾病经济负担。

（四）医疗卫生服务可及性相对较差

从经济可及性、空间可及性、时间可及性和信息可及性等医疗卫生服务可及性的重点方面来看，当前我国流动劳动力医疗卫生服务可及性仍相对较差。经济可及性方面，收入水平低、医疗卫生费用高是阻碍中低收入流动劳动力医疗卫生需要转化成需求的主要原因之一②。由于流动劳动力收入不稳定，抵御疾病风险的能力低，导致其家庭支出中医疗保健支出的比例低于非流动劳动力，且对医疗负担的主观感受高于非流动劳动力。空间可及性方面，部分流动劳动力反映其居住的出租房多远离市中心，周边医疗卫生设施相对缺乏。另外，由于三级卫生服务网络功能未能真正落实，基本医疗卫生服务没有合理分流到社区，也导致部分流动劳动力舍近求远选择到大医院就医。时间可及性方面，由于流动劳动力外出务工是为了获得更高的经济收入，从业压力较大，尤其个体经营和经商的人员，可自由支配的时间较少，就诊的时间机会成本和交易成本影响其对医疗服务的利用③。信息可及性方面，流动劳动力的社会支持主要来自婚姻关系、血缘关系、地缘关系等带有地域文化和乡土文化特征的初级社会关系为基

---

① 袁雁飞，纪颖，蒋莹，等．某市15—24岁青年流动人口卫生服务利用及其影响因素［J］．北京大学学报（医学版），2012，44（4）：602—606.

② 凌莉，刘军，韩璐，等．广州市农村流动人口卫生服务需求与利用分析［J］．华南预防医学，2006（2）：1—4.

③ 蒋收获．改善流动人口卫生保健服务利用的策略研究［D］．上海：复旦大学，2008.

础的非正式、天赋性的社会支持网络[①]，这是他们“如何获得花钱少且效果好的医疗服务”之类信息的主要渠道，导致其对城市社会的医疗信息和资源认识存在一定的局限。

（五）医疗保障覆盖水平低，缺乏针对流动劳动力的医保政策

国家实行新农合政策以来，农村居民的医保覆盖率已经超过了95%，部分外出务工人员还参与了城镇职工医保，医疗保障情况得到了较大改善，但仍有部分流动劳动力没有医疗保险，主要原因为健康意识薄弱和经济困难。另外，通过访谈得知，被调查流动劳动力了解医保政策的途径比较单一，局限于通过电视、广播等媒体获取健康方面的政策信息，或通过亲戚、朋友间口头传递，政策知晓率低，且对政策的理解存在一定偏差。

首先，大部分参与医保的流动劳动力反映医保的报销比例太低，尤其是门诊部分，基本不予报销；其次，对于参与新农合医保的流动劳动力来说，异地就医只能回属地办理结算，手续烦琐，且医保覆盖病种太少，不足以解决医疗费用高的问题。目前，在政策上缺乏针对流动劳动力的医疗保险和医疗救助政策，原有的几种医保制度在转移接续和异地报销方面还未完善，导致流动劳动力医疗负担较重，医疗卫生服务利用率偏低。

（六）医保结算机构和定点医疗机构服务亟待改进

流动劳动力认为医保结算机构最需要改进的地方是办事效率、跨地区报销是否方便和信息公开。其中，办事效率和跨地区报销是否方便反映出流动劳动力异地就医再回属地办理结算的手续比较烦琐的现状，以及对流动劳动力医疗保险关系转移接续政策出台的迫切需求。另外，要求信息公开则反映出当前流动劳动力对于相关政策的知晓途径比较缺乏。

流动劳动力认为定点医疗机构最需要改进的地方是收费价格、医生态度和医术水平。其中，降低个人医疗卫生支出、降低居民的医疗费用负担一直是医改的重要任务，应当继续探索和推进。另外，医生态度与医生的

---

① 陈丰，纪晓岚．流动人口管理的一种体制创新：从准社会组织到自治组织[J]．内蒙古社会科学，2006，27（4）：89－94.

工作量、收入水平及考核机制有关。要改善医生的服务态度，应当从根本上完善激励和监督机制。

四、流动劳动力异地就医的现状

我国现在流动劳动力主要包括 2 亿多农民工和大量的城镇流动劳动力。城镇流动劳动力中，异地就医需求最大的人群主要有四类，分别是异地安置的退休人员、长期驻外工作人员、短期驻外人员和转诊至外地的人员[①]。根据第六次人口普查的指标定义，流动人口是指居住地与户口登记地所在的乡镇街道不一致且离开户口登记地半年以上的人口。这种人口流动与基本医疗保险的地区统筹之间的矛盾产生了异地就医的概念。所谓异地就医，是指基本医疗保险参保人员因异地工作、异地安置和异地转诊等原因在参保地之外的统筹地区就医的行为[②]。从实际需求和便利性来讲，实现异地就医即时结报，会大大方便居民异地就医。但同时会出现大量患者流向城市，流向大医院的现象，随之，医保资金、各种医疗资源也会加速向大城市和大医院聚集，低收入地区的医保基金将面临收不抵支的基金风险。为应对这种现实需求，缓解患者异地就医难以报销的矛盾，国家近年来出台了多项政策，各省市也相继根据本省实际情况出台政策和措施，相关部门纷纷开展研究和项目立项，力争克服跨省即时结报存在的技术障碍，为实现异地就医奠定政策和技术基础。

2011 年 3 月，原卫生部委托中国医学科学院医学信息研究所卫生政策与管理研究中心（以下简称信息所）承担国家新农合信息平台（以下简称国家平台）的建设任务。目标是利用 2—3 年时间，建立起与新农合制度发展相适应、与其他国家卫生信息平台相衔接、与各省新农合信息平台互联

---

① 刘华．推进异地就医即时结算　提高医保服务水平［J］．经济师，2013（12）：93—95.

② 汤晓莉，姚岚．我国基本医疗保险可携带性现状分析［J］．中国卫生经济，2011，30（1）：53—55.

互通的国家平台，在全国范围内实现新农合业务运行监控、信息决策支持和参合患者跨区域就医管理。信息所自承接国家平台建设工作以来，按照国家人口健康信息化总体规划的要求，设计国家平台架构，制定技术标准规范，增置软硬件以及网络设备，搭建新农合数据交换平台，开发信息系统。目前，已联通了大多数省级新农合信息平台和多家定点医疗机构，并开始提供费用核查服务，开展即时结报试点工作，在方便老百姓就医、提升新农合经办效率、确保基金安全等方面初步发挥了作用。

2015 年，国家卫生计生委全面推进新农合信息化建设，要求做好国家平台与各省级平台及大型医疗机构的互联互通。指导各地进一步规范新农合基金的使用和管理，保障新农合基金的安全，探索提高新农合统筹层次，开展先诊疗后付费模式试点等便民服务，进一步提高参合流动劳动力满意度。按照“十二五”医改规划，到 2015 年我国将全面实现省内异地就医即时报销，初步实现跨省就医即时报销。

（一）异地就医的政策现状

2013 年 7 月 18 日，国务院办公厅印发了《深化医药卫生体制改革 2013 年主要工作安排》（国办发〔2013〕80 号），提出总结实践经验，大力推进异地就医结算，逐步推广省内异地就医直接结算。选择在部分省份试点，探索建立跨省异地就医即时结算机制。2015 年 2 月 25 日，国家卫生计生委、财政部联合印发了《关于做好新型农村合作医疗跨省就医费用核查和结报工作的指导意见》（国卫基层发〔2015〕46 号），提出优化参合患者跨省就医费用结报流程，在国家平台建立全国参合患者跨省就医费用信息数据库，逐步统一省外就医补偿政策，规范结算流程，提升异地就医信息化水平，实现国家平台与省级新农合信息平台的联通和数据交换，最终实现新农合跨省就医费用直接核查和即时结报。

根据我们对各省 2011 年以来出台的即时结报相关政策的研究，全国绝大多数省、区、市出台了全辖范围内基本医疗保险异地就医结算管理办法。还有个别省份或者召开专题会议加大宣传落实，或者在“十二五”期间深化医药卫生体制改革规划和实施方案中进行总体部署，或者在年度重点工作中进行专门安排，基本医疗跨地市进行即时结报工作在全国各地推进较为迅速。但与此同时，新农合即时结报系统建设尚处于起步阶段，各地也都在积极进行探索，取得了一些有益的经验，也面临较多难题。较为突出的有河北省卫生厅联合河北省财政厅于2012年出台的《关于推进省级新型农村合作医疗定点医疗机构即时结报有关问题的通知》。湖北省新农合"直补模式"；鄂湘赣三省通过签署《长江中游城市群卫生事业发展武汉共识》，推进三省参合流动劳动力异地就医试点，实现流动劳动力刷卡享受即时结报。吉林省出台了《关于加快全省新农合信息化工作进度的通知》，要求加快推进新农合信息化建设，推行流动劳动力健康一卡通，实现省级新农合管理信息平台的规范化和精细化管理。同时吉林省根据国家原卫生部和工信部的相关要求，结合吉林省新农合信息化工作的进展，出台了《吉林省新型农村合作医疗信息系统管理办法（试行）》，要求全省各地加强网络安全建设，确保新农合信息的安全。

（二）异地就医的满意度

为了解流动劳动力异地就医过程中对医疗机构、医保部门在就医和结算报销等方面的满意度情况，研究人员于2014年和2015年分别在山东省和北京市进行了"流动劳动力医疗卫生服务状况调查"。该调查采取多阶段随机抽样的方法，在山东省选取了流动劳动力较为集中的临沂市兰山区和河东区两个典型区①，各随机抽取3条街道，对街道上的个体经营户，超市、药店员工，建筑施工人员等流动劳动力聚集区人口发放调查问卷400份，有效回收366份，样本回收率为91.5%。其中流动劳动力为230人，占抽样人群的62.8%，其余非流动劳动力作为对照。在北京市抽取了朝阳医院、朝阳民航医院和通州潞河医院中的就医人员作为被调查者，共发放调查问卷400份，有效回收400份，样本回收率为100%。

调查内容包括个人和家庭情况、个人患病和就医情况、就医满意度状

① 2011年临沂市被授予"中国物流之都"的称号，兰山区和河东区是主要的物流、港口所在地，外来人口较多。

况、对管理机构的满意度状况等。除问卷调查外，还对部分抽样人群进行了深入访谈。采用均数、方差、百分比等进行描述性统计，采用 t 检验、χ^2 检验和非参数检验进行单因素分析，检验标准 $\alpha=0.05$（见表 2—5）。

表 2-5 劳动力对医疗和医保机构服务满意度比较 单位：%

机构	类别	非常满意	满意	一般	不满意	非常不满意
医疗机构	流动	3.8	17.3	55.7	8.3	14.9
	非流动	12.4	26.3	46.1	12.1	3.1
医保机构	流动	1.7	14.2	58.3	18.7	7.1
	非流动	8.3	19.4	49.8	19.3	3.2

数据来源：流动劳动力医疗卫生服务状况调查。

总体来看，劳动力对医疗和医保机构的服务满意度一般，超过半数的被调查对象都认为医院能够同等对待外地人和本地人，但流动劳动力对医疗和医保机构的满意度低于非流动劳动力。流动劳动力对医疗机构提供的医疗服务非常满意的仅占 3.8%，非常不满意的占 14.9%，而非流动劳动力该比例分别为 12.4%和 3.1%。从对医保机构的满意度来看，流动劳动力中对医保机构的服务非常满意的仅占 1.7%，而有 8.3%的非流动劳动力对医保机构的服务表示非常满意，并且普遍认为医保部门需要在办事效率和服务态度上有所改进，医疗机构需要在医生态度和收费价格方面有所改进。

在对住院费用的支付能力和就医平等性是否受户籍影响的认知方面，非流动劳动力对住院费用的支付能力总体差别不大，非流动劳动力的支付能力略高于流动劳动力（见图 2—8）。

两种类型的劳动力对于就医平等性是否受户籍影响的认知存在显著差异（$\chi^2=9.28$，$P<0.05$）。超过半数的调查对象都认为医院能够同等对待外地人和本地人，其中，非流动劳动力的人数远高于流动劳动力的人数；认为医院歧视外地人的流动劳动力的人数明显高于非流动劳动力的人数；两种劳动力类型都没有人认为医院对本地人存在歧视（见图 2—9）。

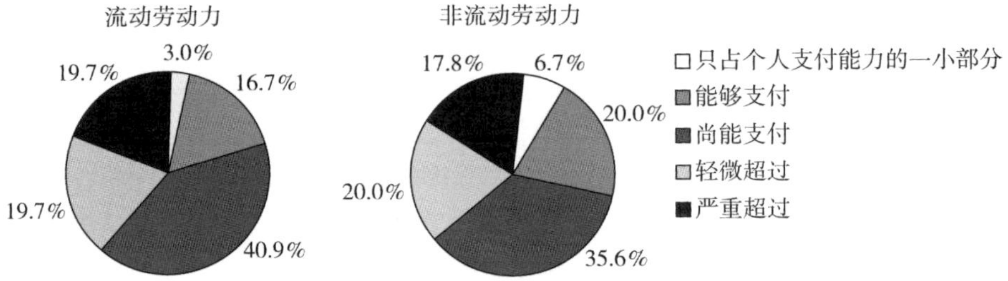

图 2-8 劳动力对住院费用的支付能力比较

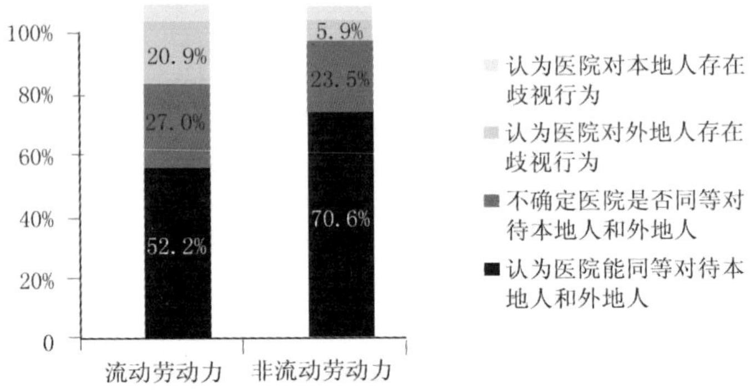

图 2-9 劳动力对就医平等性是否受户籍影响的认知比较

(三) 健康和医疗服务利用情况

过去一个月内，患过伤病的非流动劳动力选择门诊治疗者的比例（58.3%）显著高于流动劳动力（38.9%）（P<0.05）。流动劳动力中选择自我治疗和不治疗的比例高于非流动劳动力。流动劳动力没有选择去医疗机构就医的原因主要为自感病轻、经济困难、治疗或收费不合理和医院手续烦琐。近一年内，约有 27.8%的流动劳动力和 14.7%的非流动劳动力有应该住院但没有住院的情况，流动劳动力偏度为 2.62，非流动劳动力偏度为 2.28，两类劳动力的这一情况差异性显著（P<0.05）。

图 2-10 显示了不同劳动力类型选择医疗服务机构的顺位比较，从图中可以看出，两种劳动力在接受门诊和住院服务时，都首先倾向于选择综合医院；流动劳动力中未住过院者的比例显著高于非流动劳动力；在住过

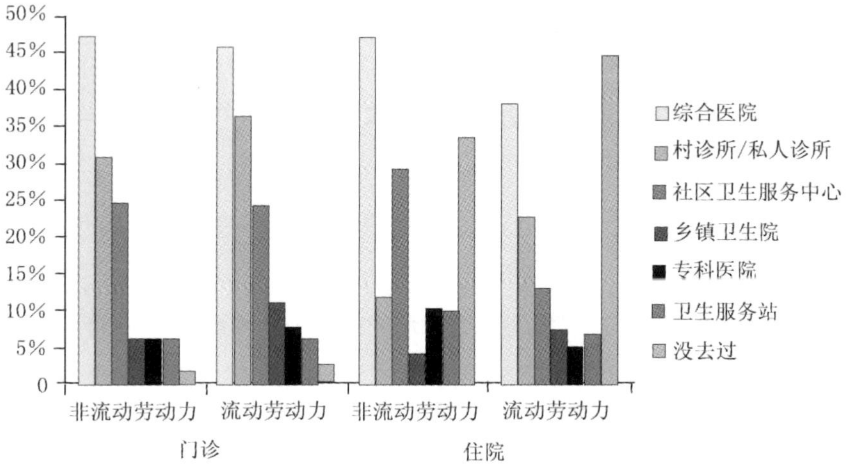

图 2－10 流动和非流动劳动力门诊和住院选择医疗机构顺位比较

院的人群中，除了综合医院外，非流动劳动力倾向于到社区卫生服务中心就医，而流动劳动力通常将村卫生室或私人诊所作为第二选择。

五、流动劳动力异地就医存在的问题

虽然异地就医具有推行的现实性和可行性，但是由于目前异地就医的配套政策尚不健全，各省新农合补贴的起付线、补贴标准和结算方式各不一样，仍然存在各地新农合医保政策不统一、信息化建设相对滞后、医疗机构相对较少、医保资金存在超支风险等问题。

（一）医保政策和待遇不统一，导致异地就医程序烦琐

由于经济发展水平不平衡，各省、同一省内各地级市甚至同一城市的不同区县各地参合人数不等，筹资水平不同，新农合基金数额不同，各统筹地区制定的基本医疗保障政策差异较大，医疗服务和药品报销目录、报销水平、结算方式等不尽相同，这不仅给定点医疗机构的医务人员带来不便，也易造成新的不公平，给异地就医和费用监管带来障碍，结算标准不同给医院管理和技术方面带来很大难度。另外，各地新农合政策标准不一

造成的矛盾也给各定点医疗机构增加了工作量和协调难度，造成医院工作成本增加，工作积极性下降。

（二）医保组织管理体制不顺，不同类型医保缺乏统一协调

要实现异地就医目标，目前的医保管理体制还存在着一些弊端。各统筹区域内履行医保经办职能的部门组织管理体制没有理顺，有的统筹地区将城镇职工基本医保、城镇居民基本医保、新型农村合作医疗、离休干部医保等纳入人力资源和社会保障部门属下的医保经办机构统一管理，有的则分属于人力资源和社会保障、卫生等多个部门管理，多头管理、多重标准导致统筹区域内条块分割、各自为政，使制度系统缺乏完整性，因而就存在着对外衔接的困难，导致异地就医的流动劳动力就医行为失控。

（三）医保统筹层次低，跨省即时结报难度大

我国目前新农合普遍以县为基本统筹单位，由于医保统筹层次低，不同区县、不同地市的医保缴费水平不同，医保基金规模差异较大。而实现跨省就医的参合流动劳动力普遍是从不发达地区流向发达地区，发达地区的医保缴费基数高，报销比例也高，因此容易造成医保基金资源从穷省（市、县）向富省（市、县）流动的现象，导致地区之间的医疗水平发展不平衡加剧。

我国现行的三项基本医疗保险制度（新型农村合作医疗、城镇职工医疗保险、城镇居民医疗保险）多采用市县级统筹，统筹单元较多，不仅涉及报销目录、报销标准、报销比例、分段原则、起付线和封顶线的不同，同时还存在不同地区医疗机构支付方式差异的问题。由于异地就医往往面临的是医疗机构与统筹地区之间一对多或多对多的关系，因此过分差异化的医保政策难以对接，给医疗费用补偿测算和基金监管带来了巨大挑战。为避免政策对接的困境，需适度提升统筹层次，减少异地就医行为的政策差异，使一对多或多对多的关系进一步收敛，简化结算渠道。2016 年年初，国务院印发《关于整合城乡居民基本医疗保险制度的意见》，提出各省（区、市）要于 2016 年 6 月底前对整合城乡医保制度做出规划和部署，各统筹地区要于 2016 年 12 月底前出台具体实施方案。截至 2016 年年底，

全国已经有 30 个省、区、市和新疆生产建设兵团出台了制度整合的文件，做出了工作部署，城乡居民将享受同样的医保目录和报销比例。

（四）医疗机构资金垫付压力大，工作积极性受限

在异地就医过程中，即时结报是解决流动劳动力异地就医报销难，减小基金风险的有效措施，但是因为县级新农合管理经办机构负责对定点医疗机构提供的参合出院患者材料进行审核和结算，过程中由于种种原因导致材料转递不及时，县级经办机构未能及时回款给医疗机构，造成各级定点医疗机构的资金周转压力大。巨额的垫付资金给省市级定点医疗机构带来了很大压力，不仅增加了定点医疗机构的资金周转难度，也增大了资金风险，使定点医疗机构与各统筹地区开展结算报销工作的积极性受到严重影响，阻碍了报销工作的良性运转和健康发展。同时，由于医疗机构内部管理不规范导致大量使用目录外用药和诊疗项目外的大型检查，导致次均住院费用偏高，实际报销比例偏低，不仅损害了就医人员的利益，也影响了结算报销工作的有序开展。

（五）信息化建设不统一，异地就医存在技术和资金障碍

异地就医结算报销只有在定点医疗机构和统筹地区新农合信息管理系统互通的情况下才能实现，而由于各统筹地区新农合信息管理系统都是根据本地新农合的具体政策自行开发的，不同统筹地区之间没有形成统一的标准、编码、参保（合）病人的信息档案和消费记录等，造成异地就医结算报销存在技术障碍。同时，患者办理出入院时，必须在系统里进行信息录入、登记和结算等，信息通过网络系统传给各地新农合管理部门，但由于各地区信息化发展不平衡，信息系统经常会出现上传速度过慢的情况，极大地降低了工作效率，影响了医疗机构的服务质量和声誉。

另外，为了与异地医疗机构实现联网，需要在设备购置、软件开发、网络维护等方面投入大量资金，但是由于各地区经济发展水平不同，信息化发展程度存在差异，省级医保结算平台建设滞后，在实现即时结报的信息化道路上存在严重的资金短缺。

随着参保人数的不断攀升，各项医疗保险制度均面临着信息海量增长的困境，利用技术手段实现信息化管理成为大势所趋，医疗机构在参保管理、医保结算、医疗服务等方面的信息化则更为领先。然而，由于我国卫生信息化发展不平衡，不同地区、不同卫生业务以至不同机构之间的信息化建设水平存在差异，各个系统遵循的信息标准尤其是数据标准各不相同，以疾病编码标准为例，虽然各个卫生信息系统均采用了《国际疾病分类法》（ICD－10），但在使用过程中进行内容扩展后，出现编码相同内容不同，或编码、名称均不同但内容相同等情况。由此造成医保系统之间，以及医保系统与医院信息系统之间整合困难，信息难以实现语义互操作，难以实现参合人员的身份核实和医疗费用的在线审核结算。必须设计标准映射机制，实现信息系统在数据层、功能层、业务层的互操作，推进信息系统的互联互通，利用信息化手段加强异地就医结算报销的监督管理。

（六）监管手段匮乏，基金安全备受挑战

无论是哪种异地就医结算报销模式，均在原有医、患、保三方的基础上增加了市场主体和支付环节，对基金的合理使用造成了威胁。而由于医保经办机构对统筹地区以外的医疗机构和医疗行为缺乏监管手段，过度医疗、冒名顶替等道德风险行为成本降低，导致基金安全面临风险[①]。为保证对流动劳动力异地就医进行有效管理，避免跨统筹区域的异地就医行为与医疗保险配套政策、管理服务模式及相应措施存在区域性矛盾，需统筹考虑与流动劳动力异地就医有关的各个利益相关方的权利与义务，制定责任明确、流程规范、标准统一的管理办法，对就医管理、结算管理、基金拨付、监督管理等问题进行宏观协调。

国家平台依托其开发的费用核查功能，实现了跨地区就医费用的核查申请和核查反馈，从而加强对流动参合人员就医费用的核查管理，保证基金运行的安全性，实现新农合医疗信息的跨省域共享，为新农合管理部门及时掌

---

① 熊吉峰，孔繁荣．农民工异地就医即时结算的制度风险与对策［J］．当代经济，2011（10）：28－29.

握参合人员就医流向，监管异地就医医疗行为提供了途径。统筹地区经办机构发现有疑似骗保的案例时，可向国家平台申请费用核查，国家平台通过采用医疗机构上传的费用单、调用信息系统接口和现场核查等多种方式进行核查，并将核查结果及时反馈至经办机构。近几年各省向国家平台提交的核查申请有 8000 余条，涉及住院总费用达 2.9 亿元，核查出近 500 万元的虚假发票。河北省于 2015 年 10 月 28 日启动京津费用核查试点工作，确定张家口、承德、廊坊为京津费用核查试点市。截至 2016 年 1 月 31 日，河北省 3 个试点市 43 个经办机构共提交了在京津地区就诊的申请单 2801 人次，共涉及核查金额 1.1 亿元，确认骗取新农合基金案件 7 起，涉及金额 68 万元①。

（七）就医流向变动，医保基金存在超支风险

我国的人口流动以流入东南部发达沿海地区为主要特征②，这些地区由于人均收入水平显著高于全国平均水平，医疗服务方面的成本较高。异地就医费用实时结算为参保人免去了垫付医药费用的负担，因此患者会更多地流向城市及大型医院，给医保基金带来超支风险。任钢等就新农合基金超支原因进行分析，结果表明，参合患者就医流向与次均住院费用存在较显著的负向相关性③。在推进流动劳动力异地就医费用结算的同时，应建立分级转诊制度，合理利用卫生资源，确保医保基金的充分利用。

六、影响流动劳动力医疗卫生服务可及性的因素

分析影响流动劳动力卫生服务利用的因素有利于我们认清形势、巩固基础和完善制度，有利于使农民享受制度发展成果，有利于使新农合持续

---

① http://szb.jkb.com.cn/jkbpaper/html/2016—02/19/content_145326.htm.

② 段成荣，杨舸．我国流动人口的流入地分布变动趋势研究［J］．人口研究，2009，33（6）：1—12.

③ 任钢，汪早立．新型农村合作医疗基金超支原因的实证分析［J］．中国卫生经济，2012，31（4）：43—45.

健康发展，具有一定的理论和政策意义。本书将从流动劳动力自身角度、新农合制度角度、管理机构角度和医疗机构角度分析影响流动劳动力医疗卫生服务可及性的因素。

（一）流动劳动力自身因素

流动劳动力的自身因素是影响其卫生服务可及性的重要因素之一。流动人口动态监测数据显示，在最近一次生病没住院的原因中，36.29%的人是因为经济困难，34.43%的人认为没有必要，17.58%的人是因为没有时间，5.82%的人是因为无人照料（见图2—11）。可见，流动劳动力的自身因素直接影响了其卫生服务可及性的获得。流动劳动力的经济状况一般，从前面的分析也可以看出，2014年流动劳动力的月平均收入为3721元，54.96%的流动劳动力的月收入在2000—3999元之间，而住院的平均医疗花费为8561元，省级及以上公立医院的住院就医费用达到了人均18052元，大大高于流动劳动力的基本收入。同时，流动劳动力大多是一个人或者夫妻外出打工，受限于被雇用就业，没有太多时间照顾家人。另外，流动劳动力大多自认为身体健康，自我保护和保健意识较弱。因此，经济困难、无人照料，加上自身保健意识不强，都影响了其对卫生服务的获得。应提高农民教育水平，增加对人力资本的投入。教育决定了个人、地区乃至国家的发展水平，对于农民来说，增加对教育的投入，提高对新农合制度的认识和增进医疗保障政策的了解，有利于发挥主观能动性，充分享受制度带来的正向效应。

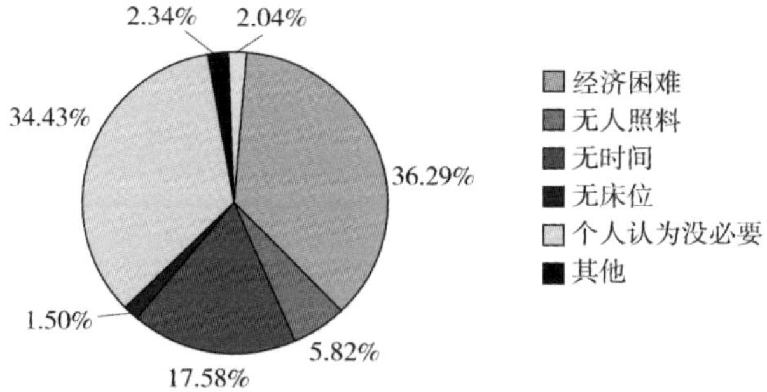

图2—11 最近一次生病没住院的原因

（二）新农合制度因素

制度因素是影响流动劳动力医疗卫生服务可及性的重要因素。在没有报销住院费用的原因中，35.71％是因为没有参加保险，26.27％是回老家，不方便，10.95％是政策不允许（见图2－12）。流动劳动力在流出地参加新农合，在流入地就业后可参加城镇职工医疗保险和城镇居民医疗保险，但是由于我国目前不同的医保制度分属不同的医保部门，医保政策标准不统一，跨区域沟通协调机制不畅通、医保信息系统整合困难，跨区域医疗制度转移接续机制不畅，导致流动劳动力异地就医受到政策制度制约，转移接续没有明确的实施策略。同时，新农合医保制度框架下，异地就医尤其是跨省就医的报销手续也很烦琐，需要参合者在参合地实现转诊的前提下，持转诊单、就医费用明细、就医发票等原始凭证回到流出地的新农合经办机构进行报销，如果有票据不合格的还需要回到就医地补齐相关材料，给流动劳动力带来了经济和时间上的负担。

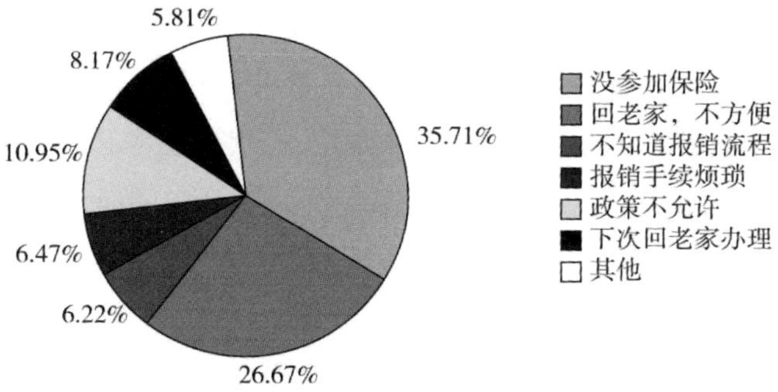

图2－12 没有报销住院费用的原因

新农合经过几年的大力推进取得了显著成果，对农民产生了积极作用，填补了农民基本医疗保障的空白。但是新农合在快速发展中也暴露出执行不到位、报销比例偏低、对农民卫生服务利用影响不够显著等问题，需要在下一轮改革中继续深化，实现异地就医即时结报和转移接续，这将会大大方便流动劳动力异地就医，同时也可提高其卫生服务可及性，从根本上解决农民的看病问题。

（三）管理机构因素

我们的调查也反映出流动劳动力对管理机构的满意度不高。流动劳动力对医保部门的服务满意度问题中，58.3%的流动劳动力认为医保部门的服务一般，仅有1.7%的流动劳动力对医保部门的服务表示非常满意，并且表示管理机构需要在办事效率、服务态度、跨地区报销是否方便等方面进行改进。

（四）医疗机构因素

医疗机构和医疗服务的供给也影响了流动劳动力医疗卫生服务的可及性，公立医疗机构挂号难、候诊时间长、床位紧缺、医师工作压力大、医患矛盾突出等都在一定程度上影响了流动劳动力医疗卫生服务的获得。流动人口动态监测数据显示，无床位也是导致最近一次生病没住院的原因之一。近几年，我国营利性医疗机构数量发展快速，但是床位数和诊疗人次数的绝对值和增长速度仍然低于非营利性医疗机构，一定程度上制约了医疗卫生服务的获得。通过增加医保定点，推进分级诊疗，促进医师多点执业将从医疗机构角度促进医疗卫生服务可及性的获得。我们的调查也发现，55.7%的流动劳动力对医疗机构的医疗服务满意度一般，仅有3.8%的流动劳动力表示非常满意医疗机构提供的服务。同时，医疗机构需要在收费价格、医生态度、候诊时间等方面加以改进。

第三章

即时结报：影响医疗卫生服务可及性的技术视角

截至 2016 年年底，我国人口城镇化率已提高到 57.35%，城镇常住人口达 7.9 亿人[①]。随着城镇化的推进，流动劳动力异地就医需求日益强烈，而实现异地就医即时结报已成为提高流动劳动力医疗卫生服务可及性的重要环节，也是技术上提高医疗卫生服务可及性的关键内容。新型农村合作医疗制度的实施对于解决流动劳动力看病问题起到了至关重要的作用，但随着新农合制度的发展，各地新农合制度不统一、异地就医结算程序烦琐、报销补偿资金滞后、信息化建设不健全等问题突出，这导致新农合制度面临“发展不平衡、效率不保障、政策不到位”等问题。即时结报业务的开展，有利于方便参合流动劳动力异地就医，有利于保障新农合基金的安全，有利于监管定点医疗机构，是新农合制度健康发展的重要保障。本章首先界定了即时结报的概念，分析了异地就医即时结报的政策背景和现实需求，进而构建影响流动劳动力异地就医即时结报的模型，然后结合各地实践对即时结报顺利推进的运行机制进行了分析设定，最后提炼出了不

---

① http：//finance. sina. com. cn/roll/2017 — 01 — 20/doc — ifxzutkf2122186. shtml.

同部门不同地区可资借鉴的八种结算模式。

一、即时结报的政策背景和现实需求

随着我国新型城镇化的推进，流动劳动力异地就医问题逐渐成为促进人的城镇化的主要内容之一。经过近年来卓有成效的医药卫生体制改革，我国的基本医保体系已经覆盖了95%以上的人口，虽然老百姓看病报销的比例在逐年提高，医疗保险制度越来越完善，但是对于异地就医的流动劳动力来说，却难以实现即时、足额报销，往往需要奔波于常住地和户籍地，往返于医院、诊所、卫生管理部门之间。与此同时，伴随经济社会的快速发展，人口的跨省流动越来越普遍，加上务工人员择业的区域性和季节性，医疗资源在地区之间分配的不均衡性等原因，导致跨省就医现象十分普遍。当前即时结报的需求虽然较大，但是却由于管理成本较高、信息技术改造的前期投入较大，资金、管理和专业服务人员相对较为缺乏等原因，进展缓慢。新农合的异地就医即时结报更是远远滞后于患者的需求。实现异地就医有效管理可在很大程度上避免新农合基金的跑、冒、滴、漏，有利于基金的安全和新农合制度的平稳运行。因此，解决异地就医即时结报问题成为社会关注的焦点问题之一。

（一）即时结报的概念界定

即时结报是指参合人员在参合地之外定点医疗机构就诊，出院时由定点医疗机构按规定仅收取新农合补偿之外的农民自付部分，由定点医疗机构先行垫付流动劳动力应获得的补偿费用，再由定点医疗机构与统筹地区新农合经办机构定期结算新农合补偿部分的过程。

即时结报的具体实现流程如下：首先，新农合经办机构主动向参合流动劳动力告知跨省即时结报政策的起付线、封顶线、报销比例、可实现即时结报的定点医疗机构、报销方式方法、注意事项等。其次，参合流动劳动力手持转诊单到省外定点医疗机构就医，定点医疗机构仔细核对就诊患者的身份证、参合证等证件。再次，参合流动劳动力就医结束后，仅支付自己应该支付的部分，定点医疗机构按与统筹地区签订的协议规定垫付应给参合人员的新农合补偿费用。最后，定点医疗机构与统筹地区新农合经办机构进行定期结算。

患者、统筹地区经办机构、医院和管理部门作为即时结报的四类主要参与主体，其在即时结报中的功能定位也有所不同。

第一，患者必须在转诊的前提下持身份证和参合本（卡）就医；出院结算时，按照医院与统筹地区协议的报销补偿标准支付自己需要负担的费用。

第二，统筹地区经办机构肩负宣传和信息系统改造重任。首先，向参合流动劳动力宣传医保政策及异地即时结报的定点医院信息和补偿标准，使得参合流动劳动力知晓跨省就医政策、流程及报销手续等，以及进行即时结报的途径和所需材料，确保就医、报销、补偿以及基金兑付等环节的无缝衔接。其次，完成与医院的签约工作和信息系统改造。签约内容包括：转诊及就医流程规定、患者身份确认、补偿方案确定、报销结算的手续、资金管理、患者自负资金、医院垫付资金、合管办划拨资金、目录内和目录外用药规定、明确统筹地区和医院责任与义务、违约处罚等。同时完成数据交换标准规范、实施技术方案、各系统改造内容等。

第三，医院具有制度完善和组织实施义务。健全内部新农合管理组织及相关制度，开展新农合管理政策和业务知识培训；完成与统筹地区经办机构的签约和信息系统改造；做好临床医生的动员工作，严格执行目录内用药、诊疗项目及医疗服务管理规定；在显著位置设置宣传栏，告知跨省就医及报销流程、补偿政策等，按照有关规定开展即时结报工作；医保部门负责整体的对外联络，解读政策，制作院内宣传材料，跟踪患者就医状态，并提供相关咨询服务。信息部门搭建网络环境，改造 HIS 信息系统，交换跨省就医数据，并负责院内有关与国家平台联通环境的维护。财务部门设置跨省就医结报专用窗口，住院登记处接收患者，并核实患者身份，留存转诊单等材料；出院窗口为患者结算，留存费用分割单等材料；财务处定期对账，申请垫付资金回款。在出院结算或结报窗口设置意见箱，认真收集与处理参合流动劳动力投诉意见和建议，积累跨省就医管理经验。

第四，管理部门出台具体指导意见并监督检查。卫计委制定相关的指导意见，规范各省、统筹地区和定点医疗机构逐步推进跨省就医管理；成立专门的巡视小组定期对医疗机构的医疗服务质量进行监督，监督检查统筹地区经办机构是否足额将资金划拨给医疗机构，对按规定管理的单位和个人进行表彰，对违反规定的单位和个人进行通报批评并进行相应处罚。

（二）即时结报的政策背景

《中共中央国务院关于深化医药卫生体制改革的意见》（中发〔2009〕6号）和《国务院关于印发医药卫生体制改革近期重点实施方案（2009—2011年）的通知》（国发〔2009〕12号）明确指出要以城乡流动的农民工为重点积极做好基本医疗保险关系转移接续，以异地安置的退休人员为重点改进异地就医结算服务，妥善解决农民工基本医疗保险问题；提出建立异地就医结算机制，规范医疗保险异地就医结算管理，实现各类参保人员异地就医联网结算，提供简便快捷的异地就医服务。同年6月，原卫生部发布《关于在省级和设区市级新型农村合作医疗定点医疗机构开展即时结报工作的指导意见》（卫农卫发〔2009〕62号），提出在省级和设区的市级新型农村合作医疗定点医疗机构开展即时结报工作的目标，计划从2010年起，分别选择1—2家省级和设区的市级新农合定点医疗机构开展试点工作，积极探索，创造条件，争取3年内以省为单位实现参合患者在大部分省市级新农合定点医疗机构住院都能即时结报新农合补偿费用的目标。2009年12月31日，人力资源和社会保障部也发布了《关于基本医疗保险异地就医结算服务工作的意见》（人社部发〔2009〕190号），提出要大力推进区域统筹和建立异地协作机制，方便必须异地就医参保人员的医疗费用结算，减少个人垫付医疗费，并逐步实现参保人员就地就医、持卡结算。2012年国务院办公厅出台的《关于印发深化医药卫生体制改革2012年主要工作安排的通知》（国办发〔2012〕20号）明确提出要“进一步加快推进省级新农合定点医疗机构即时结报工作”。同年国务院印发了《“十二五”期间深化医药卫生体制改革规划暨实施方案》（国发〔2012〕11号），对异地就医即时结报又提出了更高的要求，强调要加快推进基本医保和医疗救助即时结报，建立异地就医结算机制，2015年全面实现统筹区域内和省内医疗费用异地即时结报，初步实现跨省医疗费用异地即时结报。随后，在2013年印发的《深化医药卫生体制改革2013年主要工作安排》（国办发〔2013〕80号）中再次提出，要在总结实践经验的基础上，大力推进异地就医结算，逐步开展省内异地就医直接结算。选择在部分省份试点，探索建立跨省异地就医即时结报机制。2015年2月，国家卫生计生委、财政部联合印发意见，要求到2020年，全国大部分省（区、市）要在具备条件的定点医疗机构开展跨省就医直接结报。这些政策的提出，表明面向流动劳动力的异地就医即时结报问题已成为当前基本医疗保险工作的重要内容。

在国务院及国家卫生管理部门的宏观指导和各省的切实落实下，各地围绕基本医疗保险异地就医联网、新农合异地就医结算、基本医疗保险跨省转移支付、省域范围内统筹定点医疗机构和县市合管办卫生信息系统互联互通等问题，纷纷开展试点，出台了各种新农合省内即时结报的管理办法。截至2015年年底，大部分统筹地区实现了新农合经办机构与省内医疗机构即时结报，这对方便参合流动劳动力报销医药费用，加强对省市级新农合定点医疗机构监管，防范不法分子利用虚假发票报销等弄虚作假骗取新农合基金行为的发生，巩固和完善新农合制度有着重要的作用。

但是，此种即时结报仅仅局限于省内，无法满足日益增长的流动劳动力尤其是农村人口的就医需求。随着我国新型城镇化的发展，农村流动劳动力规模的逐渐加大和长期异地生活的普遍化、家庭化，流动劳动力跨省就医的需求量越来越大，如何切实解决跨省结算尤其是跨省即时结报成为新农合实施过程中的重要问题。国家卫计委已陆续选择几个省份的部分医保经办机构和医疗机构建立医保和诊疗信息联网，试点探索跨省（直辖市、自治区）异地就医结算，为跨省就医报销试点工作搭建基础平台。在这种宏观背景下，亟须研究新农合跨省即时结报管理模式和运行机制，这是当前提高新农合制度效率，保障新农合基金安全，切实解决流动劳动力就医贵、就医难、就医不方便问题的重要举措。

（三）即时结报的现实需求

1. 新农合的深入推进要求开展跨省即时结报

新农合是新时期农村卫生工作的重要内容，对提高流动劳动力健康水平，促进农村经济发展具有重大意义。新农合制度在经历了试点阶段（2002—2006 年），全面推进阶段（2007—2008 年），巩固、提高、完善阶段（2009—2012 年）后，保障范围逐渐扩大，筹资水平稳步提升，制度基础不断巩固，制度效果逐渐显现。2013 年，全国参加新农合人数为 8.02 亿，参合率达到 99%，全国累计受益 19.4 亿人次，全国实际人均筹资水平达到 370 元，较 2012 年增加了 62 元①；2014 年年底，由于部分城市统一实行城乡居民基本医保制度，参合人数减少到 7.36 亿，参合率为 98.9%，住院费用报销比例和最高支付限额得到提高，并逐步覆盖到重大疾病，人均基本公共卫生服务补助经费提高。新农合已经成为覆盖我国农村居民的基本医疗保障形式，在减轻农村居民医药费用负担、促进农村经济社会发展等方面发挥着越来越重要的作用。

同时，随着社会主义市场经济体制的建立，我国多类生产要素流动性明显增强，这是实现经济增长的重要保证，尤其是农村劳动力城乡和异地流动规模的不断扩大，《中国流动人口发展报告 2014》显示，到 2013 年末，我国流动人口总量达 2.45 亿，超过总人口的 1/6。流动劳动力的异地就医问题已经成为我国经济社会转型时期必须正视的一个社会问题，加强这部分人群的医疗保障制度建设是构建社会主义和谐社会不可或缺的部分，探索跨省即时结报是降低流动劳动力健康风险、确保农村流动劳动力自由流动、享受改革发展成果的重要保障，是完善城乡统筹的社会保障体

---

① 国家卫生计生委发布 2013 年新农合进展情况及 2014 年工作重点［EB/OL］.［2014－05－04］. http://www.moh.gov.cn/jws/s3582g/201405/6e9c1e197f0242b1b47647a348f22035.shtml.

系、建设公共服务型政府的根本体现。

2. 新农合异地结报存在的问题亟须通过开展跨省即时结报解决

在取得成绩的同时也要看到，新农合仍面临大部分地区流动劳动力报销手续烦琐、报销地域受限等问题。特别是随着新农合覆盖面的逐步扩大，对新农合的及时性、适用性和便捷性提出了更高要求。目前参合流动劳动力特别是长期在外工作的流动劳动力，在省外就医仍需持发票或单据回参合所在地报销，烦琐的报销程序在一定程度上影响了流动劳动力的参合积极性；管理经办机构需要定期派专人赴省外医疗机构进行费用核查，时间和经济成本较高；此外，伪造发票和病例骗取新农合基金、重复参保等事件屡有发生，严重影响了新农合制度的实施效果。流动劳动力流动性增强、报销程序烦琐等方面的短板与建立国家级新农合信息平台、提高工作效率、减轻流动劳动力负担、保证资金安全有效落实相比还有很大差距。因此，亟须以国家平台为依托，加强对新农合异地就医即时结报流程的研究，实现参合流动劳动力跨省就医异地结算和即时结报，规范跨省就医即时结报运行机制，形成新农合跨省即时结报管理模式。

3. 开展跨省即时结报是加快新农合信息化步伐的重要组成部分

卫生信息化是医药卫生体制改革的重点。2009 年年初，中共中央、国务院发布的《关于深化医药卫生体制改革的意见》中提出建设适应卫生改革与发展需求的信息化体系，要求把卫生信息化建设作为保障医药卫生体系有效规范运转的八项措施之一，建立实用共享的医药卫生信息系统，大力推进医药卫生信息化建设。开展新农合跨省即时结报有利于提升卫生信息化水平，对于提高各级医疗机构的工作效率和服务水平，推进新农合制度建设有重要作用。

2010 年 10 月通过的《社会保险法》第三章第二十九条第二款规定，“社会保险行政部门和卫生行政部门应当建立异地就医医疗费用结算制度，方便参保人员享受基本医疗保险待遇”。国家首次在法律层面上明确规定了建立异地就医即时结报制度。

4. 结报模式的多样性需要加强对新农合跨省即时结报的研究

目前，全国普遍实现了统筹区域内即时结报；大多数省份已经或正在建立省级新农合信息平台，积极探索实现省市级定点医疗机构即时结报。由于目前全国各地新农合制度以县（区）为基本统筹单位，各省内甚至各统筹单位之间的结报模式多样化，同时各县（区）的补偿方案在补偿比例、起付线和封顶线的设置、补偿标准等各方面有很大差异；医疗机构、参合流动劳动力、合管办、省级平台的职能定位不足，结报流程不清晰，阻碍了参合流动劳动力跨省就医，降低了流动劳动力参合的积极性，不利于实现新农合跨省即时结报。

二、影响流动劳动力异地就医即时结报的因素分析

随着我国新型城镇化的推进和流动人口市民化的发展，流动劳动力异地就医即时结报是医保就医结算的发展方向。目前，影响异地就医即时结报的因素有很多，既有制度因素，也有流动劳动力自身因素和家庭因素。本部分将影响流动劳动力异地就医即时结报的因素分为个人因素、工作因素、医疗机构因素、制度因素、流动因素、就医地因素、经济因素。个人因素包括年龄和户口，工作因素指就业身份，医疗机构因素指住院医院级别，制度因素指是否参加新农合，流动因素指流动范围，就医地因素指是在本地住院还是在户籍地住院，经济因素指家庭月收入、最近一次住院医疗总支出、最近一次住院医疗报销金额。一般来说，在新农合制度下，在户籍地就医医疗机构级别越低，就越可能享受即时结报。基于此，影响流动劳动力异地就医即时结报的因素不仅受到个体特征和家庭特征的影响，还受到新农合制度、就医地域和机构选择的影响，并提出以下研究假设：

假设一：户口是实现即时结报的重要因素，在户籍地就医更有可能实现即时结报。

假设二：医院级别越高，报销比例越低，越不容易即时结报，乡镇卫生院和社区卫生服务中心更容易即时结报。

假设三：省内流动的流动劳动力，越有可能即时结报，跨省流动即时结报的可能性较小。

本部分利用2014年全国流动人口动态监测调查数据，探讨影响流动劳动力异地就医即时结报的主要因素，利用Stata 12.0，采用Logistic回归模型进行多因素分析。

（一）变量设置

因变量选取最近一次住院费用的报销地点，新农合出院减免的为即时结报并赋值为1，其他的赋值为0。自变量选取年龄、户口、就业身份、住院医院级别、是否参加新农合、流动范围、是否本地住院、是否户籍地住院、家庭月收入、最近一次住院医疗总支出、最近一次住院医疗报销金额。户口变量中将农业户口赋值为1，非农户口赋值为0；就业身份变量将雇主和自营劳动者设置为1，将雇员和其他设置为0；住院医院级别变量中1为乡镇卫生院、2为社区卫生服务中心、3为县或区级公立医院、4为民营医院、5为地市（直辖市区）级公立医院、6为省（自治区、直辖市）级及以上公立医院；将参加新农合设置为1，没参加设置为0；流动范围变量中将跨省流动设置为1，省内跨市和市内跨县设置为0；本地住院变量中本地住院的赋值为1，非本地住院的赋值为0；户籍地住院变量中户籍地住院的赋值为1，非户籍地住院的赋值为0；年龄、家庭月收入、最近一次住院医疗总支出、最近一次住院医疗报销金额都是连续变量。

（二）回归结果

为详细探究影响流动劳动力异地就医即时结报的影响因素，我们在基本模型基础上依次将制度因素、流动因素、就医地因素和经济因素纳入Logistic回归模型中来判断它们对流动劳动力异地就医即时结报的影响，分别得到模型一至模型五。

如表3－1所示，在只加入个人因素、工作因素和医疗机构因素的模型一中，户口、就业身份和住院医院级别都对流动劳动力异地就医即时结报有重要影响。农业户口的流动劳动力即时结报的发生比高于非农户口，因为异地就医即时结报主要针对参加新农合制度的患者，而新农合制度的设计初衷即是针对广大的农村居民，因此农业户口是异地就医即时结报的基础。与雇员相比，雇主和自营劳动者更有可能进行异地就医即时结报，主要原因在于与雇员相比，雇主和自营劳动者在教育水平、可支配时间、对制度和就医流程等方面的了解程度更深入，对于即时结报所需要的诸如转诊申请、就医所持材料、报销比例等方面较为了解，便于达到即时结报的要求。在住院医院级别方面，住院医院级别越高，即时结报的可能性越小。这与我国新农合制度的设计相吻合，我国新农合制度实行阶梯式的报销比例，不同级别的医疗机构具有不同的起付线、封顶线和报销比例，医院级别越高，报销比例越低。《关于做好 2015 年新型农村合作医疗工作的通知》（国卫基层发〔2015〕4 号）中指出，2015 年在一级医疗机构的住院报销比例可达 75%，在三级医疗机构的住院报销比例平均在 60%左右。

模型二在模型一的基础上加入了制度因素，模型结果显示，是否参加新农合对流动劳动力异地就医即时结报具有显著影响，参加新农合有助于患者进行即时结报，该结论与户口对即时结报的影响具有一致性。

模型三加入了流动因素，模型结果显示流动范围对异地就医即时结报具有显著影响，与省内流动相比，跨省流动的患者在异地就医更不容易实现即时结报。通过前面的分析也可以发现，即时结报是一项涉及政策设计、资金流转、人员配置、技术实现等各方面的制度安排，目前我国新农合制度以县级统筹为主，除了少数地区提高了统筹层次，大部分的县实行不同的报销比例、报销目录和支付制度。大部分地区实现了省内即时结报，但是跨省即时结报目前仍在探索中，截至 2017 年 3 月，海南省等 10 个省份与北京、上海、广州等的 139 家医疗机构签署了《城乡居民基本医疗保险（新农合）跨省就医联网结报四方协议》，通过中国医学科学院医学信息研究所作为国家卫计委异地就医结算管理中心、中国人寿保险有限公司作为跨省就医联网结报资金周转方的方式，优化管理，提高效率，为参合患者跨省就医提供保障。

模型四在模型三的基础上加入了就医地因素，分析发现在户籍地住院的患者实现即时结报的发生比远远高于在其他地区住院的患者实现即时结报的发生比。这与我们前面的分析结论一致，统筹层次过低，不同级别医疗机构报销比例的差异和异地就医即时结报的实现条件都限制了跨省就医即时结报的实现。

模型五是加入了经济因素后的回归结果。分析发现家庭月收入越高，即时结报的发生比越小；住院医疗总支出越多，即时结报的发生比越小。原因可能在于收入越高的家庭，在异地就医的比例越高，即时结报的可能性越小。住院医疗总支出越多，医保支出越多，医保基金的支出风险越大，对于即时结报的审核要求越严格。部分大额报销患者会主动或被动地回户籍地报销。

表 3－1 影响流动劳动力异地就医即时结报因素的 Logistic 回归分析

因素	变量	模型一	模型二	模型三	模型四	模型五
		Exp (B)	Exp (B)	Exp (B)	Exp (B)	Exp (B)
个人因素	年龄	1.003	1.001	0.999	1.004	1.003
	户口	6.319***	1.327	1.282	1.414*	1.386
工作因素	就业身份	1.904***	1.237**	1.196**	1.247**	1.342***
医疗机构因素	住院医院级别	0.909***	0.926***	0.891***	1.017	1.026
制度因素	是否参加新农合		38.133***	38.744***	40.222***	44.896***
流动因素	流动范围			0.429***	0.398***	0.411***
就医地因素	本地住院				1.224	1.126
	户籍地住院				7.103***	6.397***
经济因素	家庭月收入					0.999*
	最近一次住院医疗总支出					0.999***
	最近一次住院医疗报销金额					1.000***
	Log likelihood	－1983.69	－1633.64	－1585.86	－1447.75	－1428.59
	Pesudo R Square	0.0768	0.2397	0.2619	0.3262	0.3351

注：***、** 和 * 分别代表在 1%、5%和 10%水平上显著。

三、即时结报的实践探索

为优化参合流动劳动力跨省就医费用结报流程，提升新农合管理服务水平，卫生计生委与财政部联合印发的《关于做好新型农村合作医疗跨省就医费用核查和结报工作的指导意见》（国卫基层发〔2015〕46 号）中要求各省（区、市）卫生计生委选择部分统筹地区和定点医疗机构，依托国家平台开展跨省就医费用核查和结报试点。截至 2015 年年底，全国大多数省份卫生计生委协调相关部门制定了本地区跨省就医费用核查和结报工作实施方案，并积极协调相关部门会签，部分省份已经正式印发。各个省份或者召开专题会议加大宣传落实，或者在“十三五”期间深化医药卫生体制改革规划和实施方案中进行总体部署，或者在年度重点工作中进行专门安排。总体来看，新农合即时结报系统建设尚处于起步阶段，各地也都在积极进行探索，取得了一些有益的经验，也面临较多难题。下文从结算模式、技术手段、实施政策、保险模式、协作机制等方面对各地的实践分别进行研究探讨。

（一）创新报销模式，提高即时结报工作效率

河南省在市、县、乡医疗机构实行总额预付制、在省级医疗机构实行以总量控制为基础的支付制度，年度预付总额基金实行“按月预拨、年终结算”的方式支付，预付总额分解到月，每月初按当月预付额的 90％预拨医疗机构，根据综合考核结果，年终统筹结算①。青海省从 2009 年 3 月开始全面实行定点医疗机构即时结报，参合农牧民入院时向定点医疗机构提供合作医疗证、身份证或户口本，在省、州（地、市）级定点医疗机构住院的还需要提供县新农办的转诊审批表，因急诊直接到省、州（地、市）

---

① 关于推行新型农村合作医疗住院费用支付制度改革的指导意见（试行）（豫卫发〔2012〕10 号）。

级医疗机构住院的，应在入院 5 日内到县新农办补办转诊手续①。北京市房山区在 2007 年就开发了网络直报系统，参合患者就诊结算时，拿着收费单据和农村合作医疗证在报销窗口能很快实现医疗费用的报销②。山西省潞城市在县、乡两级定点医疗机构住院相关数据的基础上，确定十几个病种实行单病种定额付费制，根据各个病种的总费用和补偿标准确定参合患者的自付比例，并且补偿方式为网上银行直接支付，可直接提取现金，也可直接刷卡消费，大大减轻了农民负担③。湖北省实行新农合“直补”结算模式，即参合患者持身份证、转诊证和参合证到医疗机构就医后，出院时直接办理“直补”手续，并按照“直补”结算单上的可报销费用冲抵住院费④。吉林省新农合管理信息系统依托联通 VPDN 专网，采用大集中式结构，在线用户通过省级平台进行参合患者的信息查询确认、网上审核、电子转诊、报销补偿、数据统计等工作，探索方便参合患者跨省（区、市）流动就医管理、费用核查、审核结报、监督监管的信息化建设，实现了信息资源共享，方便参合患者及时获得相应的补偿与救助⑤，实现了全省的信息共享和互联互通。

目前，国内理论界尚未就新农合跨省即时结报的管理模式形成广泛的共识，许多专家从不同角度提出了不同的方法。有专家认为异地就医医疗费用审核结算模式可以分为委托代管、医疗保险转移接续和分段支付三种

---

① 吴黎．参合农民哪里看病哪里报账——青海将试点省级定点机构住院费垫付直报［N］．健康报，2008－09－01.

② http：//www.gov.cn/fwxx/jk/2007－03/15/content－551487.htm.

③ http：//www.sxgov.cn/content/2011－05/30/content－932592.htm.

④ 谢菲菲，等．湖北省新农合即时结报现状及应对策略［J］．中国农村卫生事业管理，2012，32（2）.

⑤ 吉林省卫生和计划生育委员会．关于做好 2015 年新型农村合作医疗工作的通知［EB/OL］．［2014－12－16］http：//wsjsw.jl.gov.cn/wx－43541/wxfb/201412/t20141216－1821498.html.

方式①。王同海、张德利认为可以采取调整属地管理原则、建立全国性的网络数据交换机制、提高统筹层次、点对点联网委托、异地委托、区域协作等方式，按照全国“一盘棋”的思想，减少各地政策差异，打造国家医保②。唐金成（2006）和Blomqvist（2009）认为可以引入商业保险机构负责新农合业务的基金筹集和运营等，这不仅可以提高新农合基金的运行效率，降低工作成本，还可以充分发挥商业保险机构在基金保险管理和运作方面的专业性③④。谢菲菲等（2012）建议将目前使用的新农合证改为新农合卡，并实行一人一卡制，同时规范参合患者的转诊流程，在直补结算模式上统一使用“点对面”的方式，减少错误率，实现规范化管理⑤。

案例

2012年6月21日，鄂湘赣三省卫生厅厅长齐聚武汉，在原卫生部部长陈竺的见证下，共同签署了《长江中游城市群卫生事业发展武汉共识》。三省积极打破行政区划限制，跨越省际体制障碍，“武汉共识”描绘了三省卫生事业合作共享、打造中部卫生高地的美好愿景。其中一个重要方面就是参合患者异地就医，刷卡享受即时结报。

镜头一：“在通城看病就像在家里看病一样方便!”今年55岁的葛先生家住湖南省平江县南江镇，本月3日，他因冠心病来到离家更近的通城县人民医院就诊。经介入放置血管支架，葛先生昨日痊愈出院，并凭农合

---

① 刘秀华．异地就医医疗费用审核结算模式的探讨［J］. 社保论坛，2005（4）．

② 王同海，张德利．医疗保险异地就医管理的难点与对策［J］. 劳动保障世界，2008（4）．

③ 唐金成，邓昀．中国农村合作医疗保险制度研究［J］. 上海保险，2006（9）：14—18.

④ Blomqvist，A. Health System Reform in China：What Role for Provite Insurance. China Economic Review，2009，20（4）：605—612.

⑤ 谢菲菲，等．湖北省新农合即时结报现状及应对策略［J］. 中国农村卫生事业管理，2012，32（2）．

证，在医院异地报销窗口报销了75%的费用。

镜头二：6月，武汉市江夏区卫生局与湖南省直中医医院签订新农合省外定点医院协议，在湖南省务工、经商的江夏区新农合参合人员，只需持新农合医疗卡、身份证，到湖南省直中医医院就医，可享受新农合医疗费用的即时结报。

（来源：2012年7月23日，《湖北日报》）

（二）加强信息化建设，夯实即时结报技术基础

北京市启动了医保报销“一卡通”服务，就医者只需持卡就能进行医疗费用结算并支付个人应该支付的部分，取得了显著成效[①]。北京市房山区合作医疗管理中心通过与23个乡镇合管办、区内29家和区外10家医疗机构实现封闭联网，实行实时在线审核报销，实现了网络实时监控和医疗费用的即时结报，让农民的收费和报销同时完成[②]。

河北省建立全省卫生信息系统平台，参合农村居民到省级新农合定点医疗机构住院，必须首先在县级新农合经办机构办理转诊审批备案手续，由经办机构在县级系统中做出转诊标志，上传到省新农合卫生信息系统平台。患者出院结算时，定点医疗机构要将住院登记信息和费用明细上传，通过省级转诊平台传送到县级信息系统，由县级信息系统根据本县（市、区）新农合统筹补偿方案自动结算，并将结算补偿结果返回省级转诊平台。接诊医院从转诊平台获取结算补偿信息，并根据结算结果垫付参合患者的补偿费用，患者只交纳自费部分，实现出院即时结报。

安徽省通过成立省市级新农合项目审核小组，安排专人实时在线审核和沟通，确立了以省为单位统一的接口规范和标准字典，创新开发的“一个通用接口、全省互联互通，一次匹配审核、全省下载通用，各地不同政策、全面实现应对”的路径设计促使其在全国率先实现了以省为单位的网

---

① 李璐瑒．医保报销即时结算终于实现了——北京市社保卡推出始末［J］．调查，2010（3）．

② http：//www.gov.cn/fwxx/jk/2007—03/15/content_551487.htm.

络即时结报的全覆盖，实现了全省统筹区域内的互联互通和信息共享①。

湖北省设立新农合、医保、医疗救助“三办合一”的即时结报工作操作平台，各地将医疗救助即时结报软件与定点医疗机构信息系统（HIS）对接，以医疗机构收费窗口为依托，实行不同医疗保障制度之间人员、就医、结算费用等信息资源共享，指定专人负责，为困难群众提供便捷“一站式”住院救助服务②。

湖南省通过省级平台实现医院与区县信息系统的联通，因为各区县的信息系统在数据标准、技术架构和药物目录等方面都不相同，如果每家医院都与全省一百多个区县进行联通是不现实的，因此湖南省通过省级平台提供的交换接口实现了省市医院信息系统和区县新农合信息系统的数据交换。各区县合管办负责补偿业务的审核和计算，医院负责办理补偿业务。

吉林省推行农民健康一卡通业务，各定点医疗机构都配有读卡设备，参合患者持居民二代身份证或者新农合卡都能在定点医疗机构就诊，各经办机构将新农合查询设备连接到省平台，一卡通的实行大大缩短了患者就医的等待时间，有效提高了经办机构和定点医疗机构的工作效率。

（三）完善医保政策，强化即时结报制度保障

2009 年，原卫生部发布了《卫生部关于在省级和设区市级新型农村合作医疗定点医疗机构开展即时结报工作的指导意见》，强调要建立即时结报拨付机制。各个省也出台了相应的政策，例如，吉林省出台了《关于加快全省新农合信息化工作进度的通知》，要求加快推进新农合信息化建设，推行农民健康一卡通，实现省级新农合管理信息平台的规范化和精细化管理。同时吉林省根据国家原卫生部和工信部的相关要求，结合吉林省新农合信息化工作的进展，出台了《吉林省新型农村合作医疗信息系统管理办

① 汪和平，等．安徽省新农合定点医疗机构网络即时结报路径设计与应用[J]. 中国农村卫生事业管理，2011（2）．

② 朱巍巍，孙玉琴，闫晓英．湖北：即时结算县乡全覆盖医疗救助无缝零时限 [J]. 中国民政，2012（3）．

法（试行）》，要求全省各地加强网络安全建设，确保新农合信息的安全。

甘肃省甘谷县合管办为保证新农合制度的有效运行，制定了《甘谷县参合流动人口异地住院费用即时结报实施办法》和《甘谷县参合流动人口异地住院即时结报管理办法》等相关配套制度，完善了管理机制。同时，通过各种途径积极宣传，让参合患者全面了解异地即时结报的规则、程序、报销比例等，并鼓励流动农民在异地定点医疗机构就医，从而完善新农合的异地即时结报运行机制，确保能有效运行①。

湖北省宜都市探索建立“六统一”即时结报补偿政策，即统一补偿比例、统一起付线标准、统一封顶限额、统一基本用药目录、统一诊疗项目和统一大型检查、材料补偿办法。宜昌市中心医院制定了《宜昌市中心医院即时结报管理规定》和《定点医疗机构即时结报服务协议书》等，明确了新农合管理机构和定点医院的权利和义务，确保了即时结报政策与定点医疗机构管理体制的有效运行。同时，各地市积极建立数据平台，完善运行机制，取得了显著成效②。

（四）借鉴不同保险模式，拓宽即时结报实践思路

成都市从2006年开展医疗保险信息清理和比对工作，参保人员手持社保卡可在市内任何医疗机构就医和刷卡消费，实现了市内医保的即时结报，避免了因数据不全和信息错误导致的报销难问题。云南省从2009年8月就开始在曲靖、普洱和怒江等地实施社保卡的联网试运行，在很大程度上解决了当地居民的看病报销问题③。

江阴市于2001年引入商业保险公司参与新农合业务，商业保险公司依法与政府签订契约，商业保险公司负责“管”，即主持医疗保险基金的专

---

① 白江开，蒋小勇，杨敬宇，罗中华．甘谷县建立新农合异地就医即时结报方式的实践［J］．学术纵横，2011（1）．

② 刘艺新．域外定点医疗机构即时结报模式实践与思考［J］．中国农村卫生事业管理，2010（12）．

③ 海韵．医疗费报销走进“秒时期”——全国医保即时结算和社保卡应用现状透析［J］．中国医疗保险，2010（9）．

业化运营；政府负责"征"和"监"，即负责征收合作医疗资金，同时对各方当事者的行为进行监督和规范。

广州市番禺区充分利用了保险公司的服务网络、管理经验和专业技术人员，实现政府服务与保险网络的结合，建立起区、镇、村三级便民服务网。在实际运作中，采取收支、管用、账款和用拨分离的运行机制，政府负责资金的征收，中国人寿负责为群众办理补偿，卫生财政部门对医疗基金进行监督管理，各主体职责明确互相监督。

2004年开始，厦门市卫生局通过公开招标的形式，委托中国平安保险公司厦门分公司对厦门各区合作医疗进行整合，统一管理、服务、理赔。市、区卫生部门与平安公司共同成立农村合作医疗管理委员会，具体负责组织、协调、管理和指导农村合作医疗保险工作。政府的职能主要是负责参合患者的组织、筹资以及对保险公司的监督，并在保险公司当年利润中提取10%作为风险保证金。

从不同医疗保障类别看，城镇职工医疗保险、城镇居民医疗保险和新农合是覆盖我国居民的三大基本医保制度，对居民看病就医及维持健康形成了良好保障。新农合与其他医疗保险类似，都属于政策性医疗保险，是社会保障的一个重要方面，因此可以充分借鉴城镇职工和城镇居民医保模式在实现跨省就医结算方面的成功经验，尽早实现新农合跨省即时结报。

广州市和成都市的医保模式就值得借鉴。成都市的参保人员到广州市就医时，先在成都市办理异地就医登记手续，到广州市领取《就医登记卡》，出院结算时利用就医地与参保地之间建立的"支付调整系数"，药品目录、医疗服务设施、诊疗项目和价格按照广州市的基本规定，最高支付限额按照参保地成都市的标准，起付线按照广州市城镇居民非从业人员的标准，最后再乘以"支付调整系数"得出异地就医的报销额度①。北京市

① 宋鲁霞，冷世尧．省内医保异地即时结算的瓶颈与对策研究［J］．卫生经济研究，2011（5）：30－31.

从2007年开始启动社保卡工程建设，着手门诊医疗费用结算方式改革[①]。社保卡实现了“卡网结合、脱网操作”和“安全双密匙认证机制”的功能，在网络中断的情况下仍能实现医保费用结算，同时又确保了医保基金的安全，大大缩短了报销时间，门诊费用实现了零垫付[②]。江苏省泰州市从2003年正式启动了“金保工程”，异地就医人员在办理登记手续后，持社保卡到异地定点医疗就诊发生的费用按参保地医保政策试行，并通过网络直接刷卡结算[③]。

（五）建立试点协作机制，推开即时结报试点经验

为了贯彻落实全国新农合跨省就医费用核查和结报工作电视电话会议精神，进一步方便广大参合患者看病就医，北京大学人民医院率先为呼和浩特市参合患者的住院医疗费用开展跨省就医即时结报服务工作。

第一，住院申请。大病患者申请转院或在京务工人员提出住院申请。

第二，转诊审批。内蒙古呼和浩特市经办机构审核住院申请并开具转诊单。经呼和浩特市农合办审核通过后，持身份证、农合证（卡）、转诊单到北京大学人民医院就医。

第三，入院登记。患者到北京大学人民医院门诊就诊，业务人员开具“入院许可证”。患者（或其家属）持住院患者本人身份证、患者本人农合证（卡）及转诊单、入院许可证在住院处内蒙古新农合即时结报窗口进行审核、登记，并将转诊单原件及身份证复印件交住院处留存，患者（或其家属）需主动申明内蒙古参合患者身份。未主动申明身份或出院结算时仍未补齐材料者，不能享受跨省就医即时结报服务。如病人所持的转诊单、身份证等不一致，北京大学人民医院将及时与呼和浩特市新农合经办机构

---

① 邹萃．社保卡助力医保即时结算［J］．中国社会保障，2010（9）：15—16.

② 李璐瑒．医保报销即时结算终于实现了——北京市社保卡推出始末［J］．首都医药，2010（3）：26—28.

③ 佚名．异地就医实时结算的泰州经验［J］．领导决策信息，2010（43）：20—21.

联系，新农合经办机构有责任和义务及时核实，并明确告知医疗机构是否对该人提供即时结报服务。

第四，住院治疗。患者（办完入院手续后）住院期间，定点医疗机构不得按照患者（或其家属）的意愿擅自更改患者的姓名、性别、年龄及参合信息。如确有更改的必要，由患者与统筹地区新农合经办机构联系，并在取得统筹地区新农合经办机构书面同意后，定点医疗机构方可更改。

第五，出院预结算和结算。患者在出院窗口办理出院手续，按照起付线3000元，年度累计报销封顶线150000元，保底补偿比例为扣除起付线后住院总费用的40%计算自付费用；医保报销部分由医院垫付，并登记报销费用情况；患者当场核实费用信息后签字，享受即时结报服务；医院给患者诊断证明、费用清单、病历复印件、费用分割单和住院明细单，并留存发票原件。未经呼和浩特市新农合管理中心同意，参合患者不得擅自要求回当地报销，否则此次住院发生的所有费用均由个人负担，新农合管理中心不再给予报销。

第六，医院垫付资金回款申请。北京大学人民医院根据协议约定周期（每月），向呼和浩特市农合办申请垫付资金回款。每个周期通过国家平台提交申请，并生成相应的纸质申请材料（《垫付资金明细汇总表》《垫付资金回款申请表》）。国家平台将申请回款信息转发至内蒙古自治区区级新农合信息平台。北京大学人民医院每半年将所有《垫付资金明细汇总表》《垫付资金回款申请表》、发票、费用分割单邮递至呼和浩特市农合办。

第七，垫付资金回款。呼和浩特市农合办通过国家平台转发来的垫付资金回款信息申请表，对发生的费用进行审核，并将该次申请实际回款金额、扣款金额等通过国家平台进行确认，告知北京大学人民医院，并通过本地新农合账户将实际回款金额拨付给北京大学人民医院。

四、即时结报的运行机制

由各地即时结报的实践和对即时结报影响因素的分析来看，即时结报涉及医院、参合流动劳动力、管理机构等多方利益主体，虽然不同利益主体间的利益诉求不同，但需要共同承担跨省即时结报改革的成本，也需要共同享有即时结报带来的便利和效率的提升，因此必须建立持久的、互相支持的运行机制，才能实现参合流动劳动力的跨省即时结报。只有通过上级部门的发文、医院管理部门的座谈交流、信息系统的技术培训、新闻媒介的宣传等各方参与的直接沟通等多种方式、多种渠道的沟通协调才能建立相对公平的运行机制。其中，建立多方参与、利益均沾的管理和协调沟通机制是确保跨省即时结报公平性、可行性和可操作性的前提；建立地区有别、适度分档的资金补偿机制是跨省即时结报财务可持续的关键；建立收支平衡、专款专用的基金划拨机制是确保跨省即时结报资金安全和及时划转的有力保障；建立多方参与、管办分离的监督检查机制是确保新农合跨省即时结报和流动劳动力合法享有跨省医疗保障的外在压力和运行保障；建立奖优惩劣、风险共担的激励约束机制是跨省即时结报持续运行的内在动力源泉。

（一）建立多方参与、利益均沾的协调沟通机制

根据西方政治学中的利益集团（Interest Group）或利益主体理论，社会中存在着各种有共同目标并对公共政策有一定影响的有组织的实体，即利益集团。在多元化的社会中，政策的制定过程是一个公共选择的过程，是集团斗争对政策施加压力从而使政府不断做出反应的过程。而不同利益主体制度的变革过程是集团间相互作用的结果，不同利益主体之间的诉求需要通过协调、妥协、讨价还价而制定成一系列有关政策。

新农合跨省即时结报是一项社会系统工程，涉及新农合的方方面面，在政策的制定和实施过程中也面临多个利益集团的利益调整。需要通盘考虑城乡一体化的进程，流动劳动力参合地、就医地卫生管理部门、医院和流动劳动力之间，卫生部门、医院系统、合作医疗管理部门之间，以及医院、医生、医药之间的博弈关系。根据党的十八届三中全会《关于全面深化改革若干重大问题的决定》中有关深化医药卫生体制改革的内容，要求深化基层医疗卫生机构综合改革，健全网络化城乡基层医疗卫生服务运行

机制，因此需要建立多方参与、利益均沾、公平公开的跨省即时结报管理和沟通协调机制。

由于目前我国的新农合主要在县域范围，因此对其的管理和沟通协调机制也是以县级政府不同部门为主体的县农村合作医疗管理委员会。新农合跨省即时结报的管理体制由于涉及不同省份，因此需要建立从中央到地方的，由政府领导、卫生计生部门主管、相关部门配合、经办机构具体运作、医疗机构提供专业服务、流动劳动力积极参与的合作医疗管理体系。为加强卫生管理部门和医院、参合流动劳动力之间的沟通协调，建议建立多方共同参与、利益共同诉求的沟通协调机制。其中，由于新型民营医疗机构也同样可以签约认定为农村合作医疗定点机构，建议一起纳入该沟通协调机制。另外，建议吸纳部分流动劳动力患者代表作为沟通协调机制的重要组成部分，代表本地和异地跨省就医的参合流动劳动力公平公开地表达流动劳动力患者的利益诉求。

（二）建立地区有别、适度分档的资金补偿机制

对新农合跨省即时结报的资金补偿既是一个在现有规定下涉及资金划转、补偿额度计算的技术性问题，也是统筹各地财力水平、新农合基金额度、合理确定起付线、封顶线和补偿比例并进行医药费用补偿的公共管理问题。其前提是资金筹集问题，建立起完善的筹资机制是确保新农合制度长效运行的关键所在，需要根据不同地区医药卫生体制改革进度、地区财政扶持力度、地区经济社会发展程度等因素考虑不同的运行模式。应重点考虑不同地区定点医院的起付线、起付比例和封顶线；同时制定科学合理的药品目录和诊疗项目补偿范围，明确目录外用药费用比例。

从当前实际情况看，新农合总体筹资规模过小，缺乏以流动劳动力收入为依据的动态缴费设计，各级财政补贴标准不明确，并且缺乏政府投入保障机制和流动劳动力缴费激励机制。因此，必须建立起完善的长效筹资机制，首先，要通过增加各个筹资主体的投入来进一步提高总体筹资水平；其次，要增加各级政府尤其是中央和省政府财政补贴的比例。同时，政府投入应随经济发展和财政收入的增加而逐步增加并建立起相应的投入

保障制度和机制。

资金的补偿既体现了财政支出的差别，也需要在支付、预算管理、起付线、报销比例等方面结合实际情况，完善制度管理。当前，新农合长效运行机制主要存在补偿标准过低且区段划分依据和标准不科学、定点医疗机构范围过小、报销程序过于烦琐、政府成本增加等问题。因此，必须以流动劳动力动态缴费比例、医疗费用高发区段、合理使用农村卫生资源为依据，科学划分报销区段及其补偿标准；扩大定点医疗机构范围；把政府主导和引入市场机制有机结合起来，逐步引入保险公司参与新农合运作；建立起合作医疗与社会救助的有效衔接机制等。

（三）建立收支平衡、专款专用的基金划拨机制

新农合医疗基金实行“乡筹县管”制度，在新农合管理部门的领导下，由县财政局设立专户统一管理，并在新农合管理部门认定的金融机构设立新农合基金专用账户，农户缴纳的参合基金与中央财政补助资金共同组成新农合补偿基金。合管办每年年初编制新农合基金年度预算与年末决算。财政部门负责落实各项财政补助政策，及时足额将财政补助基金安排到位，指导各乡镇人民政府组织开展个人筹资工作，合理预算县乡合作医疗经办机构的工作经费。

实行新农合跨省即时结报意味着参合流动劳动力在定点医疗机构就医后，医疗机构通过读取就诊患者的身份证和医疗证信息，利用医院 HIS 系统与省级新农合信息平台的对接实现对就诊患者身份的认证。就诊结束后，定点医疗机构通过对流动劳动力就诊费用的计算，患者只负担自己应付费用，补偿费用由医疗机构先行垫付。医疗机构定期向统筹地区合管办申请费用结算，经当地财政部门审核后，由财政部门在一个月之内通过基金支出专户与定点医疗机构进行结算。

（四）建立多方参与、管办分离的监督检查机制

建立起完善的长效监督检查机制，是新农合制度长效运行的重要保障。目前，新农合制度在医疗需求方、供给方、监管方三者有效制衡、

“寻租”行为有效防范、医疗费用有效控制、统筹资金风险防范以及政府规范等方面的长效机制还没有完善起来。

首先，建立起医疗需求方、供给方、监管方三者制衡的有效机制。一是监管机构通过制定完善的制度规定、提供完善的制度设计等，对医疗机构和流动劳动力进行有效约束。二是流动劳动力代表通过参与监督工作对监管机构、医疗机构及流动劳动力本身进行有效约束，同时，通过扩大流动劳动力医疗服务选择权实现流动劳动力对医疗机构的有效制衡。三是医疗机构可以通过一定的利益表达途径对监管机构施加影响，并通过提供不同层次的医疗服务对流动劳动力就医进行引导。

其次，县合管办要对定点医疗机构进行监督。一方面，控制医疗费用的不合理增长。另一方面，通过赋予流动劳动力对医疗机构更多的选择权、扩大定点医疗机构范围并对其进行动态选择，增强医疗机构之间的竞争。建立定点医疗机构服务、收费、补偿和医疗服务质量定期督察、评议及通报制度，规范定点医疗机构服务行为，提高服务质量，对违规、违纪行为按有关规定严肃查处，确保参合流动劳动力享受质优价廉的医疗服务。

最后，县合管办定期对医疗机构的医疗质量进行检查评估。随时与各定点医疗机构保持联系，指导、监督并维护新农合信息系统的畅通，保证新农合异地结算的顺利实施。同时，对医疗机构和医务人员建立信用档案，对违反合作医疗有关规定的，追究或提请追究有关责任人的责任。各县合管办也对参合流动劳动力的就医和报销进行监督，通过完善制度、加强监管等途径建立起对各种“寻租”行为的有效防范机制。

（五）建立奖优惩劣、风险共担的激励约束机制

激励机制的作用是基于任何机构和个人的行为总是以自身利益最大化为导向的前提假设。通过对定点医疗机构和医疗服务需方给予激励，可达到提高医疗服务效率，带动卫生服务体系绩效的作用。定点医疗机构是向参合患者提供医疗服务的部门，是群众看病就医的主要场所，是社会安全保障的重要力量，是公共服务体系的重要组成部分之一，在落实医改政策

过程中承担着重要角色。定点医疗机构不仅为参合患者提供高质量的医疗服务，还承担着新农合政策的宣传、落实和有效控制医疗费用的重要作用，这关系到参合流动劳动力是否能得到有效治疗，是否能真正体会到即时结报的便捷。因此，建立针对定点医疗机构的激励约束机制，提高医疗机构的管理和服务水平显得尤为重要。

支付方式体系作为一种有力的政策工具，通过发挥经济激励作用，能够达到提高医疗服务质量、降低医疗服务价格、提高医疗服务效率的目的。支付方式的激励作用部分取决于“道德风险”对供需双方的影响①。不同的支付方式会产生不同的经济激励信号，支付方式的激励作用主要体现在对医疗服务种类、数量和质量的影响。建立奖优惩劣、风险共担的激励约束机制不仅对于提高医疗服务质量有重要作用，而且对于改善医疗服务模式、降低医疗服务价格、形成合理的就医结算机制有重要意义。

五、即时结报的结算模式

即时结报的核心是建立高效便捷的结算系统，建立什么样的结算系统和如何实现医疗费用结算是能否即时结报的关键。结合我国流动劳动力异地就医即时结报实践经验和影响因素以及运行机制，下文进一步归纳了八种不同的即时结报结算模式，每种模式各有特点，又各自存在不足之处，各地区可以结合当地信息平台建设情况、政策基础、人员配备等基础条件和现实需求，选择适合本地区的模式，供管理部门在政策制定和实际操作中参考借鉴。

（一）省级平台审核，县级经办机构结算模式

参合流动劳动力在定点医疗机构就医结束后，医院向参合流动劳动力所在的省级平台提出费用审核申请，省级平台审核结束后，将审核结果反

① Arrow KJ. Uncertainty and the welfare economics of medical care [J]. American Economic Review，1963（53）：941—969.

馈至医院，医院根据审核结果垫付需要补偿的资金，流动劳动力只需负担自付部分即可。医院定期向参合流动劳动力所在县合管办提出结算申请，县合管办向结算中心提出复审请求，结算中心复审后将反馈结果传至县合管办，县合管办定期向医院拨付补偿款项。与此同时，各个县合管办与省级平台时刻保持信息沟通和交流（见图 3—1）。

这种模式的主要优点是医院可以与省级平台直接沟通，可以大大缩短流动劳动力等候结算的时间。缺点是医院需要与多个县合管办进行定期结算，会增加医院的工作量，另外，县合管办与医院容易在结算项目和结算比例上发生结算纠纷，会增加省级平台的调解难度和工作量，削弱医院的积极性。

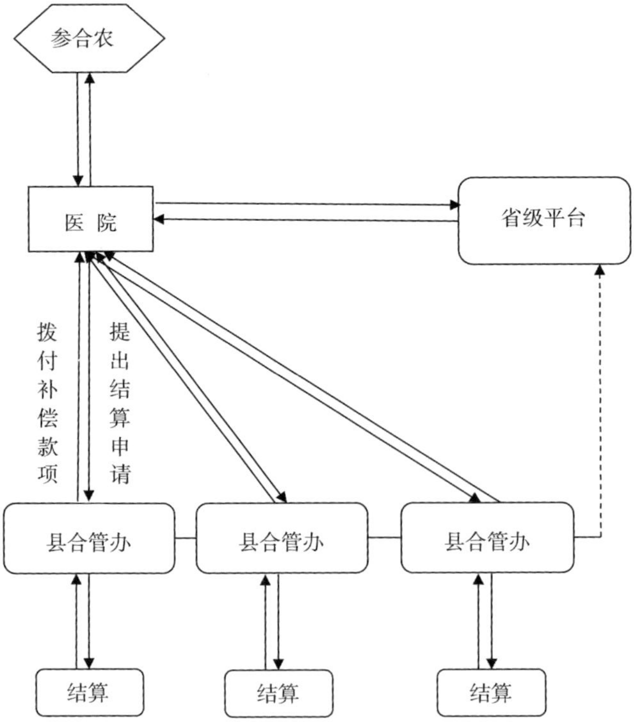

图 3—1　即时结报模式一

（二）县级经办机构审核并结算模式

参合流动劳动力在定点医疗机构就医结束后，医院向参合流动劳动力所在的县合管办提出费用审核申请，县合管办向结算中心提出审核请求，结算中心审核后将反馈结果传至县合管办，县合管办将审核结果反馈至医院，医院根据审核结果垫付需要补偿的资金，流动劳动力只需负担自付部分即可。另外，医院定期向参合流动劳动力所在县合管办提出结算申请，县合管办定期向医院拨付补偿款项。与此同时，各个县合管办同步将审核结果上传至所在省级平台。

这种路径的主要优点是医院直接向参合流动劳动力所在县合管办提出审核和补偿申请，因此县合管办与医院在结算项目和结算比例上的纠纷较少。缺点是医院同样需要与多个县合管办进行定期结算，工作量没有减少。另外，医院需要分别与不同的县合管办进行审核和结算，审核结算的周期较长，参合流动劳动力等候时间长。同时，对医院和县合管办的网络配置要求较高，一旦网络瘫痪，将严重影响流动劳动力的出院结算手续（见图 3—2）。

（三）异地医保部门结算模式

与异地医疗机构代办模式相似，异地医保部门通过委托代办的方式可实现跨市以至跨省异地就医即时结报服务。早在 2008 年，上海和杭州两地率先启动医保双向联网，上海或杭州的医保参保人员在对方城市看病，在医院先行垫付了费用之后可立刻到当地的医保服务窗口进行结报。随后，这一模式逐渐延伸至长三角地区，2009 年，江苏省、上海市、浙江省和安徽省人力资源和社会保障厅共同出台了《长三角地区医疗保险经办管理服务合作协议》[①]，启动长三角 16 个城市间参保人员异地就医联网结算计划，破解了流动劳动力跨省异地就医即时结报的难题。

---

① http：//www. xiangrikui. com/shehuibaoxian/yiliaobaoxian/20110617/118407 _2. html.

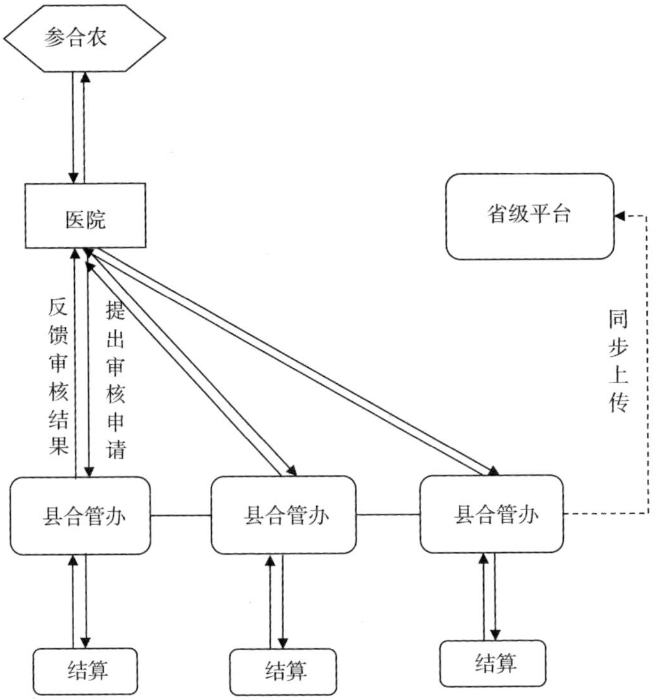

图 3－2 即时结报模式二

（四）省级联网结算模式

随着卫生信息化的快速发展，许多省份相继建立起省级医疗保险信息平台。通过联通省内各地的定点医疗机构与医保经办机构信息系统，流动劳动力在省内异地就医时，医疗机构与医保经办机构可直接进行信息共享，明确报销比例和补偿金额，由医院按测算结果垫付补偿金额，患者只需支付个人负担部分的费用即可。这种模式又分为两种方式，一是由全省制定统一的异地就医报销政策，简化医疗费用数据测算，河南省新农合信息平台通过这一方式率先开通了“省级定点医疗机构直补”①；二是通过数据交换平台实现医疗费用与报销政策的双向传输，仍以统筹地区内的医保

① http：//news. dahe. cn/2010/12－12/100552067. html.

政策为准，北京市于2009年出台的《北京市社会保障卡就医实时结算实施意见》，实现了参保人员持社保卡在门诊和住院就医发生医疗费用的实时结算①；安徽省通过建立省级新农合信息平台实现了省市级医院出院参合患者医疗费用的网络即时结报②。这一模式完全依赖于高效的信息处理技术和稳健的网络环境，对信息化水平要求均较高。

（五）医院与统筹地区签订协议模式

由于流动劳动力流入地集中化趋势明显，个别地区出现外来人口大量流入并且呈现聚集居住的特点，在就医时多选择工作地附近的医疗机构，相对较为集中。为方便外出务工人员异地就医即时结报，来源地医保经办机构与流入地医疗机构签订协议，参合流动劳动力所在省份与外省医院签订就医协议，本地参合流动劳动力到省外就医后进行报销结算时，参合省份合管办按照就医医院的目录给予补偿。具体的补偿比例、起付线和封顶线的设置以参合省份标准为准。由医院根据经办机构的报销政策对医疗费用进行审核，先行垫付补偿金额，再定期与经办机构结算，从而减轻患者个人的经济负担。如呼和浩特市在解决辖区内参合流动劳动力到北京市就医的结算问题时，承认北京市目录的权威性，并以北京市目录为准。或者以劳动力参合所在省份目录为准进行补偿。例如，安徽省参合流动劳动力到江苏和武汉就医，则以安徽省本省目录为准。

（六）建立结算中心模式

参合流动劳动力所在省份成立省级新农合结算中心，全省实行统一的新农合报销补偿政策，医院与参合流动劳动力所在省级结算中心签订结算协议。例如，湖南省自2012年11月底开始全面启动了新农合省级即时结报工作，全省24家省级定点医疗机构全面开展了即时结报业务。主要包括

① 孙树学，孙文英，李莉．北京市“持卡就医、实时结算”对医保定点医院的影响及对策分析［J］．中国医院，2009，13（12）：59—60.

② 汪和平，凌道善，夏北海．安徽省新农合信息系统互联互通架构设计与关键技术应用［J］．中国农村卫生事业管理，2010，30（12）：995—996.

一是成立省级新农合结算中心。组建成立了省新型农村合作医疗结算中心，落实了人员编制、工作场地和办公设施，为省级“即时结报”的顺利实施提供了组织保障。二是建立新农合省级结算基金。省本级设立了省级新农合结算基金，按上年度各县、市、区在省级定点医院补偿资金占比统一归集，采取“当年全额计提，次年据实结算”的办法，专项用于参合农民在省级医院住院费用补助支出，为省级“即时结报”提供了资金保障。三是建立健全省级就医即时结报机制。制定出台新农合省级定点医疗机构即时结报管理办法，统一规范省级新农合报销范围，全省以市为单位统一省级新农合住院补偿政策，建立和不断完善省级住院费用即时结报的工作机制和流程，为省级“即时结报”提供了制度保障。四是加强新农合信息化建设。省级财政专项投入1000万元，用于完善省级新农合结算平台和区县版应用软件功能，统一了新农合数据、接口标准和药品、诊疗项目、疾病种类字典库，实现了省、市、县级新农合信息系统和各级定点医疗机构HIS系统之间的数据交换、数据共享和互联互通，为省级“即时结报”提供了技术保障。①

（七）建立虚拟结算中心模式

依托银联构建虚拟结算中心（新农合支付结算平台），实现跨省就医新农合基金的流转和监管，银联为省（市）级新农合经办机构、统筹地区新农合经办机构和跨省定点医疗机构建立虚拟账户，定点医疗机构将虚拟账户绑定到单位银行账户，统筹地区将虚拟账户绑定到新农合基金专户，跨省就医新农合基金支付信息通过虚拟账户进行传递，资金通过定点医疗机构和统筹地区实际银行账户进行划转。

医院在垫付资金后，定期通过国家平台向统筹地区新农合经办机构申请回款；国家平台将申请信息转发至统筹地区新农合经办机构；统筹地区

---

① 湖南省卫生厅、财政厅关于印发《湖南省新型农村合作医疗省级定点医疗机构住院费用即时结报工作管理办法（暂行）》的通知（湘卫合医发〔2012〕3号）。

新农合经办机构根据申请信息和就医费用等信息进行审核，并将审核确认金额传递至国家平台；由国家平台向银联的新农合支付结算平台发送结算划拨指令；银联根据划拨指令，将相应金额的资金从统筹地区新农合经办机构的银行账户划拨至定点医疗机构的银行账户中，并将划拨结果返回至国家平台。国家平台将划拨信息分发至统筹地区新农合经办机构和定点医疗机构。

（八）商业保险参与模式

商业医疗保险机构利用自身的技术优势、服务网络和管理经验，采用风险管控技术，综合考虑经济发展、社会变革、健康促进、疾病变化等多方面因素，结合我国地区医疗保险发展的实际情况，将先进的管理理念、丰富的管理经验纳入新农合管理中，不仅满足了被保险人多样化、多层次的医疗需求，而且提高了新农合资金的使用效率、保障了资金安全，对于改变新农合传统的运作机制，控制道德风险行为的发生，转变政府职能都具有重要意义。

商业保险参与新农合的模式具体可分为合同式和服务外包式。合同式指商业保险公司与政府签订保险合同，政府负责参合流动劳动力的组织、筹资以及对保险公司的监督，商业保险公司将新农合基金纳入专用账户，负责新农合业务的运作。政府可在保险公司的当年利润中提取一定比例作为风险保证金。服务外包式指商业保险公司只负责新农合基金的管理业务，不承担基金的亏损、不享受基金的收益，政府负责基金的征收和对基金的监督管理。

第四章

转移接续：影响医疗卫生服务可及性的制度视角

作为影响医疗卫生服务可及性的重要制度环境，医保关系能否顺利转移接续是医疗保障制度的重点和难点。一方面，当前的新型城镇化试点正在加快推进，试点地区改变了将户籍人口作为公共服务提供对象、将常住流动人口作为服务对象的不合理做法，正在力推常住人口市民化进程。流动劳动力在流出地参加的新农合或城镇居民基本医疗保险能否随着其身份的转变而顺利转移到常住地，既影响到劳动力的自由流动，也影响新型城镇化的顺利实现。另一方面，目前我国已经形成了城镇职工基本医疗保险、城镇居民基本医疗保险、新型农村合作医疗和城乡医疗救助制度等全民覆盖的医疗保障体系，但由于基本医疗保险制度的城乡差别和区域差异，医保制度的转移接续仍然面临部门协调、政策衔接、技术整合等多方面问题。

本章首先界定了转移接续的概念，接着对转移接续的政策背景和现实需求进行了分析，然后总结了各地转移接续的实践探索和存在的问题，深入探讨了转移接续的实现路径和具体对策。

一、转移接续的政策背景和现实需求

（一）转移接续的概念界定

转移接续是社会保险制度中的专业词汇，医疗保险关系转移接续是指参保人在跨地区流动就业时把原就业地的基本医疗保险缴费年限及个人账户转到新就业地，以便在两地的医疗保险年限能够累计计算。如若转移的基本医疗保险缴费年限满足连续参保年限的接续，则该参保人两地医疗保险缴费年限可合并连续计算。医疗保险关系转移的内容包含基本医疗保险缴费年限的清单及个人账户的余额。

褚福灵（2014）区分了职工医保和居民医保的 4 种不同类型①，陈德贤认为医保转移接续存在 9 种不同类型②；仇雨临等将 3 项制度两两交叉，总结归纳出 9 种 4 类③转移接续方式；也有学者总结出 15 种转移接续类型④。本研究根据区域和制度间的交叉关系梳理出 3 种转移接续方式，共计 12 种转移接续类型。

区域内跨制度。指统筹区域内部不同医保制度间的转移接续，共计 3 种类型，具体包括城镇职工医保与城镇居民医保、城镇居民医保与新农合、城镇职工医保与新农合之间的双向转移接续。这种类型的转移接续方式相对较为容易，难度较小。

---

① 褚福灵．基本医疗保险关系转移接续的若干理论问题［J］．中国医疗保险，2014（10）：22—25.

② 陈德贤．医保转续四大问题须探讨［J］．中国社会保障，2011（6）：78—79.

③ 仇雨临，梁金刚．基本医疗保险关系转移接续的现状、问题与出路——基于典型地区试点运行的实证调查［J］．海南大学学报（人文社会科学版），2014，32（5）：11—17.

④ 吴少龙，薛应文．医保制度相似性与转移接续：欠发达地区的比较研究［J］．甘肃行政学院学报，2013（4）：33—45.

制度内跨区域。指同一医保制度内部在不同统筹区域之间的转移接续，共计3种类型。具体包括城镇职工医保、城镇居民医保和新农合从一个统筹地区向另外一个统筹地区的转移接续。这种方式受制于地区间的经济发展水平、筹资标准、缴费年限确认、制度差异等现实情况，转移接续的难度较大。

区域间跨制度。指不同医保制度在不同统筹区域之间的转移接续，共计6种类型。具体包括A统筹地区的城镇职工医保与B统筹地区的城镇居民医保和新农合的双向转移，A统筹地区的城镇居民医保与B统筹地区的城镇职工医保和新农合的双向转移，A统筹地区的新农合与B统筹地区的城镇职工医保和城镇居民医保的双向转移。这种类型涉及的情况最复杂、难度最大、需要协调的问题较多，是转移接续面临的主要问题。

（二）转移接续的政策背景

2014年3月16日《国家新型城镇化规划（2014—2020）》（以下简称《规划》）正式颁布，强调了以人为本，推进以人为核心的城镇化，提出保障随迁子女平等享有受教育权利、完善公共就业创业服务体系、扩大社会保障覆盖面、改善基本医疗卫生条件、拓宽住房保障渠道等一系列举措，推进农业转移人口享有城镇基本公共服务，并要求创新体制机制，建立健全农业转移人口市民化推进机制。《规划》系统地阐述了“推进农业转移人口享有城镇基本公共服务”的要求，提出了原则、目标及主要任务，包括“保障基本、循序渐进”两大原则；目标是“积极推进城镇基本公共服务由主要对本地户籍人口提供向对常住人口提供转变，逐步解决在城镇就业居住但未落户的农业转移人口享有城镇基本公共服务问题”；具体任务中明确提出“依法将农民工纳入城镇职工基本医疗保险，允许灵活就业农民工参加当地城镇居民基本医疗保险。完善社会保险关系转移接续政策，在农村参加的养老保险和医疗保险规范接入城镇社保体系，建立全国统一的城乡居民基本养老保险制度，整合城乡居民基本医疗保险制度”。

为促进有能力在城镇稳定就业和生活的常住人口有序实现市民化，稳步推进城镇基本公共服务常住人口全覆盖，2014年7月国务院出台《关于进一步推进户籍制度改革的意见》（国发〔2014〕25 号），也明确提出要求将农业转移人口及其他常住人口纳入社区卫生和计划生育服务体系，提供基本医疗卫生服务。特别提出要“把进城落户农民完全纳入城镇社会保障体系，在农村参加的养老保险和医疗保险规范接入城镇社会保障体系，完善并落实医疗保险关系转移接续办法和异地就医结算办法，整合城乡居民基本医疗保险制度，加快实施统一的城乡医疗救助制度”。2016 年 1 月国务院出台《关于整合城乡居民基本医疗保险制度的意见》（国发〔2016〕3 号），提出整合城镇居民医保和新农合，实现统一覆盖范围、统一筹资政策、统一保障待遇、统一医保目录、统一定点管理和统一基金管理等。

（三）转移接续的现实需求

我国城镇化的主要问题在于土地城镇化快于人口城镇化，以农民工为主体的流动劳动力在农民变市民的过程中面临诸多困难。以常住人口为主要群体的流动劳动力的市民化是新型城镇化的主要对象，但针对这一群体的基本公共服务提供较为滞后，大多数流动劳动力的基本养老保险、医疗保险的参保、报销等均需在原户籍所在地进行。因此，迫切需要通过完善医疗保险的转移接续，促进农业转移人口享受城镇基本公共服务，真正解决常住人口在城镇既能落地，又能扎根的问题。

学者们从转移接续的主要问题、转移接续难的原因、各地实践探索等方面进行了研究。转移接续主要存在户籍差别、收入不等、消费水平差异、筹资标准悬殊、制度差异、管理体制分割、统筹层次低、缴费年限不互认和基金风险调控机制不健全等方面的问题[①][②]。医保转移接续难的原因主要在于统筹层次低、医保制度缺陷、管理分割、地区发展水平差异、异

---

① 何文炯，杨一心．医保关系转移接续的困境与对策［J］．中国医疗保险，2010（4）：15—16．

② 李天民．医保关系转移接续有坎也有桥［J］．中国医疗保险，2010（3）：41—42．

地就医调节机制缺失等①②。李忠冠等以广东省某市为例从代际公平与选择性的角度，利用医保系统数据分析了医保转移接续人员的门诊和住院费用，并得出结论认为转移接续过程中存在逆向选择行为③。徐玮等分析了杭州市医保转移接续情况，并提出了提升统筹层次和建立国家资金结算中心等建议④。邓大松建议树立管理服务理念，建立社会保险关系信息库，完善社会保险制度设计⑤。仇雨临等通过调研典型地区总结了医保转移接续的难点在于转入地与转出地的基金平衡难解决、缴费年限互认及折算办法缺失、缴费与待遇转接发展不同步、转接成本高和周期长等方面⑥。李毅飞从法制角度提出了建立区域法制协作机制、建立申诉机制、实现立法协调与合作等方式来实现区域一体化的医疗保险关系转移接续⑦。

探索建立适合流动劳动力医保转移接续的实现路径，为落实党的十八届四中全会关于依法行政和建设法治政府的要求提供抓手，是树立服务意识、提高服务能力、提高公共服务水平、建设服务型政府的有力保障，对于加快统筹城乡基本医保管理制度，推进信息化建设，实现新型农村合作医疗、城镇居民基本医疗保险和城镇职工基本医疗保险对各类流动劳动力

---

① 杨辉，曹亚飞．医保关系转移接续中存在的主要问题与对策［J］．行政与法，2013（12）：55—60.

② 田雨．探索流动人口的医疗保险关系转移与接续的制度实现机制［J］．华中师范大学学报（人文社会科学版），2014（1）：56—60.

③ 李忠冠，张国英，吴少龙．大城市医保转移接续：公平性、选择性与结果——以广东省A市为例［J］．中国卫生政策研究，2014，7（5）：42—48.

④ 徐玮，阮桌一，卢苡．医保关系转移接续工作运行情况探析［J］．中国医疗保险，2014（7）：43—45.

⑤ 邓大松．社会保险关系顺利接续事关重大［J］．中国劳动保障，2005（10）：49.

⑥ 仇雨临，梁金刚．基本医疗保险关系转移接续的现状、问题与出路——基于典型地区试点运行的实证调查［J］．海南大学学报（人文社会科学版），2014，32（5）：11—17.

⑦ 李毅飞．区域一体化视角下的医疗保险关系转移接续制度障碍及其协调研究［J］．长沙大学学报，2012，26（4）：72—74.

的兜底保障具有现实意义。

二、城乡医疗保障制度转移接续的实践探索

为探寻医保转移接续的典型案例和成功经验，本部分选取安徽省铜陵市、界首市、肥西县和浙江省嘉兴市为样本县市进行分析，对比四种不同形式的城乡医保制度整合前后的政策变化和实施效果①。

（一）安徽铜陵市——人社局社会保险事业管理服务中心管理模式

1. 铜陵市医保制度的发展历程

安徽省位于中国东部，面积约 14 万平方公里，人口约 6083 万，下辖 16 个地级市、6 个县级市、56 个县。铜陵市地处安徽省南部，在长江中下游南岸，下辖三区（铜官山、狮子山区、郊区）、一县（铜陵县），面积 1113 平方公里，约 74 万人，城镇人口约为 50 万，农村人口 20 多万，城镇化率不到 80%。

铜陵市自 2003 年开始新农合试点，参保农村居民 31 万人，2007 年实施了城镇居民基本医疗保险制度，参保城镇居民 19 万余人，基本医疗保险制度覆盖城乡，在提高全市城乡居民医疗保障水平方面发挥了重要作用。新农合和城镇居民医疗保险都按照居民户籍参保，需要回户籍所在地享受待遇，限制了城乡居民的合理流动。同时，由于两项制度分属不同部门管理，信息未能共享，无法解决居民重复参保、财政重复补贴、重复享受待遇等问题，影响了医疗保险的公平性。

鉴于铜陵市城镇居民医保和新农合筹资机制相近，社会公众支持度都较高，实行城乡居民医疗保险并轨的条件已经成熟，2013 年 5 月 1 日，铜

---

① 铜陵市整合后为人力资源和社会保障局管理，界首市整合后由新成立的医疗保障工作领导小组管理，肥西县整合后为卫生局管理，嘉兴市整合了城乡居民医保、职工医保和城乡居民医疗救助后统一由人社部门管理。

陵市委市政府将新农合和城镇居民医保制度进行了整合，将该市卫生局所属市新农合中心承担的新农合管理职责划入该市人力资源和社会保障局社会保险事业管理服务中心；铜陵市社会保险事业管理服务中心增设城乡居民医疗保险服务科，具体负责全市城乡居民基本医疗保险的日常工作。

2. 统筹城乡基本医疗保险的主要做法

一是加强组织领导。铜陵市政府成立了城乡居民医保工作领导小组，审议城乡居民医保并轨方案，协调解决并轨工作中存在的问题。铜陵市人力资源和社会保障局积极与卫生、财政等部门沟通配合，成立了专门工作机构，设立机构整合、政策研究、数据信息、业务经办、宣传报道和基金管理等六个工作组，明确各个工作组的工作职责，制订了详细的工作计划和时间进度表。

二是统一医保待遇。兼顾城镇居民医保和新农合政策，制定了《铜陵市城乡居民基本医疗保险暂行办法》，统一筹资标准，待遇就高不就低，统一住院报销起付标准和报销比例，药品目录与城镇职工医保相同，保留新农合普通门诊统筹政策普惠制，增加城镇居民门诊规定补助的病种，城镇居民和农村居民的待遇均略有提高。

三是整合经办机构。将新农合管理职能调整到铜陵市人力资源和社会保障局，在社保中心增设城乡居民医疗保险服务科，新农合管理中心人员和编制整体划入，具体事务由保险公司经办。机构整合后，经办机构统一制定工作流程，实行一站式服务，按并轨后的政策开展待遇审核支付工作，并暂时保留新农合结算窗口，确保制度的平稳过渡。目前，铜陵市已实现“三险合一管理”。

四是加强信息共享。信息系统由社会保险事业管理服务中心统一承建。在社会保险管理信息系统核心平台应用软件的基础上，按照并轨后的城乡居民医疗保险暂行办法和实施细则，开发统一的参保缴费与待遇结算系统软件。系统软件主要实现参保单位（机关、企事业、学校、家庭）、参保人员的基本信息管理、医疗保险费用征缴、个人账户管理、社保卡管理、参保人就医费用实时结算、医疗费用审核结算、政策参数管理、统计查询、定点医疗机构管理、药品目录管理和疾病目录管理等业务功能。参保人口基础信息和缴费信息得到了统一，在诊疗数据和结算方面，将卫生部门的基层医疗机构管理系统与“金保工程”医保系统实现互联互通，实现一份数据，两边传输保留，共享信息。

五是完善相关政策。为使慢病报销政策有机统一，制定了城乡居民慢性病门诊费用补助办法，明确了 27 种一类慢性病和 6 种二类慢性病的病种及相应的补助标准。为提高城乡居民重大疾病保障水平，出台了《铜陵市城乡居民和城镇职工大病医疗保险暂行办法》，从 2013 年起，年度内个人自付符合规定的医疗费用达到起付线（2 万元）后，大病医疗保险给予分段按比例报销。

六是开展宣传培训。举办了多期城乡居民医疗保险政策及业务经办工作培训班，对县、区和乡镇、村各级经办人员以及所有定点医疗机构医保负责人与结算操作人员进行全面业务培训，并广泛宣传城乡居民医疗保险政策和服务流程，保证并轨工作顺利进行。

（二）安徽界首市——新成立医疗保障办公室管理模式

1. 界首市医保制度的发展历程

界首市位于安徽省西北部，是阜阳市管辖下的县级市，2015 年年末辖区人口 80.2 万，其中农业人口占绝大多数，辖 18 个乡、镇、街道，138 个行政村、21 个社区。

2001 年，界首市启动职工医保；2008 年，人社局和卫生局负责分别实施城镇居民和新农合工作；2010 年，基本医疗保障体系覆盖了全市；2012 年，界首市积极探索尝试新的运行体制，整合资源，推动“三险”合一。2012 年 6 月成立界首市医疗保障工作领导小组，领导小组下设办公室，市委副书记、市长任组长，常务副市长任副组长；市监察局、财政局、审计局、人社局、卫生局局长为成员。

2. 统筹城乡基本医疗保险的主要做法

一是统一管理机构。对“三险”运行管理体制进行调整，由界首市医疗保障办公室进行统一管理。管理体制调整后，市职工、城镇居民医保、新农合管理中心统一搬迁到市行政服务中心集中办公，并在一楼设立服务窗口。统一管理后制定了一套新的管理制度，并重新进行了分工和调整，使得办理环节得以简化、办理流程得以优化、办理窗口得以整合、办理效率得以提升，节约了行政成本。

二是统一信息系统。将原有城镇居民医保参保信息导入新农合信息管理系统，统一使用新农合管理系统，系统的运维由医疗保障工作办公室负责。整合后的系统杜绝了重复参保，避免了管理机构和医疗机构在网络租金、软件维护等方面费用的重复投入。

三是统一卡证管理。取消了原城镇居民医保卡和新农合卡，参保群众统一凭二代身份证就诊，有利于防止接诊就诊、冒名顶替等现象的发生，管理机关和参保群众减少了补证、换证的投入。

四是实现数据共享。城乡医保整合后，将城镇居民医疗保险数据合并到新农合管理信息系统中，实现了数据的共享。

（三）安徽肥西县——卫生局城乡居民合作医疗管理中心统一组织实施模式

1. 肥西县医保制度的发展历程

肥西县位于安徽省中部、合肥市西南部，总面积1979平方公里，下辖8个镇、4个乡、4个园区，为全国百强县之一，人口约76万，整合前参加新农合的约为71万人，参加城镇居民医保的约为4万人。

2010年，肥西县人民政府印发《关于肥西县城镇居民医保和新农合统筹并轨实施方案的通知》，将全县城镇居民基本医疗保险和新农合合并统一管理，建立全县城乡居民合作医疗制度，由县卫生局统一管理；撤销肥西县新型农村合作医疗管理委员会，成立肥西县城乡居民合作医疗管理委员会，管理委员会下设管理中心，具体负责全县城乡居民合作医疗管理工作，由县政府主要领导任管理委员会主任，分管卫生工作的副县长任副主任，县委办、政府办、卫生、财政、人力资源和社会保障、人事、编制、公安、宣传、民政、农业、计生、广电、教育、审计等部门负责人为成员。

2. 统筹城乡基本医疗保险的主要做法

肥西县实行了“七个统一”，即统一管理机构、统一组织实施、统一筹资时间、统一筹资标准、统一参合对象、统一补偿待遇、统一办理IC卡[①]。

一是统一管理机构。撤销肥西县新型农村合作医疗管理委员会办公室，成立肥西县城乡居民合作医疗管理中心，于2010年10月1日起正式挂牌运行，为县卫生局所属财政全额预算事业单位，负责全县城乡居民合作医疗的管理经办工作，办公地点设在县卫生局。其人员和工作经费纳入县财政全额预算，人员从全县现有卫生系统工作人员中选调；各乡镇卫生院和分院设立城乡居民合作医疗办公室，负责户籍所在地城乡居民合作医疗的日常受理、审核、补偿、兑现等工作，经办人员由乡镇卫生院或分院正式工作人员兼职，院长兼任办公室主任。

二是统一组织实施。自2010年11月1日起，全县2011年度城乡居民合作医疗筹资工作由县政府统一组织实施，信息系统由卫生局统一承建。各乡镇政府、园区管委会及村（居、社区）委会统一组织收缴，县城乡居民合作医疗管理中心负责资金归集和管理工作，城镇居民、农民不得重复参保，不得重复报销。

三是统一筹资时间。每年11月，开展下一年度城乡居民合作医疗筹资工作，参保对象享受次年全年补偿待遇。筹资工作每年开展一次，逾期不再办理。

四是统一筹资标准。在中央和省政府无新政策出台的情况下，2011年度城乡居民合作医疗筹资标准统一为每人每年30元，五保户、低保户、重点优抚对象参合资金由城乡医疗救助资金代缴。

五是统一参合对象。自2011年起，具有本县户籍的城乡居民凡未参加城镇职工基本医疗保险的，均可参加城乡居民合作医疗。参合需以户为单位，已参加城镇职工医疗保险的，其家庭成员也必须全部参合。

---

① 现已统一使用身份证。

六是统一补偿待遇。2010 年 12 月 31 日前，由人力资源和社会保障部门按照城镇居民基本医疗保险政策继续为原参保人员办理报销手续。自 2011 年 1 月 1 日起，县城乡居民合作医疗参合对象的补偿待遇按照《肥西县 2011 年城乡居民合作医疗补偿方案》执行。今后，补偿待遇将随着筹资标准的调整而调整。

七是统一办理 IC 卡。自 2011 年 1 月 1 日起，全县城乡居民合作医疗参合对象需统一办理“肥西县城乡居民合作医疗卡”，有利于防止接诊就诊、冒名顶替等现象的发生。

（四）浙江嘉兴市——社会保障事务局管理，保险公司经办模式

1. 嘉兴市医保制度发展历程

嘉兴地处浙江省东北部、长江三角洲杭嘉湖平原中心区域，与上海、杭州、宁波、绍兴、苏州等城市相距均不到百公里，下辖五县（市）（平湖市、海宁市、桐乡市、嘉善县、海盐县）、两区（南湖区、秀洲区）、44 个镇、29 个街道。

2001 年，嘉兴市建立职工基本医疗保险制度，覆盖本市范围内的各类企业、机关、事业单位、社会团体（用人单位）及其职工。2003 年建立城乡居民合作医疗保险制度，由卫生部门管理，除了农村户籍居民外，将无医疗保障的城镇居民及其子女也纳入参保范围，实施了基本医疗保险的“1＋1”模式（职工医保＋合作医疗），从制度层面实现了基本医疗保险的全覆盖。由卫生部门主管的城乡居民合作医疗保险，即“1＋1”模式实施后，总体运行良好，得到了老百姓的认可，并使农村居民得到一定的医疗保障。

2013 年年初，由市发改委牵头启动全市医疗保险管理体系整合工作；9 月底市政府印发文件，按照“两保合一、稳步推进”的总体原则，实施医疗保险管理和政策体系的优化和并轨，并于 2014 年度实施全新的居民医疗保险制度。2013 年年底，嘉兴市出台全市居民基本医疗保险指导性文件，将城乡居民合作医疗保险更名为城乡居民基本医疗保险，参保对象除

本地户籍人口外，还包括非本地户籍但持有浙江省居住证的新居民及其子女以及本市各类高等学校（含民办高校）的全日制学生，对全市居民医保参保、缴费、待遇等相关政策进行统一，并与职工医保有效衔接，统一“两大目录”、转院规定等。同时在2014年制定城乡居民大病保险制度，并在全市全面实施。截至2014年9月30日，全市所有合作医疗统筹地区全部实现了管理体制的整合。

2. 统筹城乡基本医疗保险主要做法

一是确定主管部门。2003年建立的城乡居民合作医疗保险制度，参保对象包括农村户籍居民、无医疗保障的城镇居民及其子女，由卫生部门进行统一管理。2014年与职工医保合并后建立的城乡居民基本医疗保险，主管部门变更为人社部门。城乡居民基本医疗保险、职工基本医疗保险和城乡居民医疗救助的经办职能归由社会保障事务局统一负责，并指导镇（街道）开展有关经办工作。

二是委托经办机构。委托第三方服务机构太平洋保险公司参与包括审核、手工信息录入在内的部分经办业务，将大病保险筹资的10%作为委托管理费。嘉兴太平洋保险公司设有嘉兴市本级城乡居民基本医疗保险业务管理中心。业务管理中心的经办服务工作包括：对在院及手工报销的意外伤害病人进行全程审核和调查，发现异常上报社保事务局，遏制医保违规现象发生，保障医保基金安全；开展以“住院病人身份核实及挂床住院”“高额耗材吻合器”为主要内容的专项稽查行动，发现违规行为向医保管理部门反馈并要求医院采取改进措施；为提高经办人员专业素质开展乡镇（街道）经办人员及业管中心工作人员学习培训工作。

三是完成系统互联。经办职能归并专门的经办机构后，相关信息系统的整合和运维由经办机构负责，即由社会保障事务局统一负责。社会保障事务局将市本级的职工基本医疗保险和城乡居民合作医疗保险信息平台进行整合，同时保留并重建基层服务平台。针对因转院、信息系统故障等原因造成需要手工报销的工作，为提高其经办效率，业管中心在对医保系统内36500多条药品和诊疗目录进行筛选整理，同时在匹配审核规则的基础上开发了外挂医保辅助系统，发挥智能审核、有效监管、报表分析等功能，确保经办人员信息的准确、有效和快速录入，提高信息录入审核效率，缩短报销周期。

四是统一卡证管理。用统一的社会保障市民卡替换原先的就诊卡，与职工医保参保对象相统一。依托整合后的信息系统，实现本市医疗机构就诊实时刷卡报销，2014 年实时刷卡率达 98%以上，服务方便快捷，大大减少了基层平台的手工报销工作量。

五是实现数据共享。与民政医疗救助系统进行对接，共享公安系统户籍数据库中的照片、身份证号码等信息，建立市本级统一数据库，实现“同人同城同库”管理，确保信息的真实性和可靠性，避免重复参保和脱保情况的发生，有效地保障了基金的合理使用。

（五）经验总结

第一，顶层设计是根本。首先，明确各机构职能。顶层设计是实现医保转移接续的根本，医保转移接续需要重点解决管理机构与经办机构的职责分工和功能定位，同时解决重复参保问题。新农合和城镇居民医疗保险大部分经费都由政府财政筹资，重复参保造成财政的重复投入。其次，明确数据传输标准和路径。在做好数据安全隐私保护的前提下，开放数据访问权限，按需提供数据接口供第三方使用，如嘉兴市开放城乡居民医疗保险基础信息，供太平洋保险公司调用，太平洋保险公司对城乡居民相关的业务进行办理，开发独立的业务经办系统，定期将经办结果推送给社保中心。再次，安徽省铜陵市和界首市均是将大病保险涉及的病人信息推送至保险公司，由保险公司进行大病保险补偿，而后将补偿结果推送至城乡居民医疗保险信息系统。最后，明确不同制度间的转接补偿算法。例如，铜陵市规定劳动年龄段的缴费年限每满 4 年可折算为城镇职工基本医疗保险 1 年缴费年限，转接到另外一种医疗保险后即可享受到相应的医疗待遇。

第二，制度整合是前提。从农业人口和非农业人口的分布来看，制度整合后的经办机构一般由不同人口的比例决定，如嘉兴市和铜陵市非农业人口比例超过农业人口比例，由人力资源和社会保障部门负责；安徽省界首市和肥西县农业人口比例超过非农业人口比例，制度整合后经办由卫生计生部门负责。究其原因可能是非农业人口和农业人口的比例决定城镇居民和新农合在当地经办的规模和成熟度，在制度统一后，由占比大的一方来经办，对业务流程的改造、组织制度的影响、经办人员的工作方式等改变较小，有利于"两保"向"一保"的统一过渡。

第三，网络系统整合是保障。网络整合是信息化整合的重要内容之一，由于城镇居民医疗保险和新农合长期平行运行，城镇居民借助社保网络构建相关网络传输基础设施，网络覆盖范围差异较大。城镇居民网络覆盖到社区卫生中心和社区卫生工作站，部分地区依托专线等形式构建；而新农合网络覆盖到乡镇卫生院和村卫生室，依托互联网等构建网络传输通道。嘉兴市和铜陵市的市辖区整合较为顺利，而县及其以下网络整合比较困难，整合后的城乡居民医疗保险通信网络尚未完全覆盖到乡镇卫生院和村卫生室；界首市和肥西县依托新农合数据传输网络，较快、较好地完成了网络的替换工作。

第四，标准整合是基础。数据整合是实现制度整合的信息化基础，也是发挥信息技术优势的充分体现，以上地区整合有两种模式，一种是城镇居民和新农合信息系统中数据全部整合在一起；一种是新农合数据和城镇居民数据分别运行，该情形是将参保基础数据整合起来，而业务数据中医疗服务数据由卫生计生部门负责，结算信息由整合后的信息系统管理方负责。嘉兴市、界首市、肥西县在制度整合后，将所有数据集中存储，嘉兴市实行"同人同城同库"，将所有数据统一集中管理，在合并之初便识别重复参保12万人；界首市将原有城镇居民医保参保信息导入新农合信息管理系统；铜陵市在整合过程中将参保人基础信息统一管理，由负责全市政务信息管理工作的社保中心集中存储，诊疗信息传输给卫生计生部门，结算信息传输给社保中心，即一份数据，通过传输保留，实现两边共享。

第五，信息系统整合是手段。信息系统整合是信息化整合中最为重要的部分，其一，体现出两保到一保后经办流程的整合；其二，体现出原有两个信息系统功能的整合；其三，照顾到原有两个系统用户的操作习惯的过渡。整合方法一般有两种，在两种制度下的信息系统保留一种，并将另外一种信息系统替换；另外一种是两种信息系统仍然并存，逐步过渡整合为一套信息系统，最终使用的信息系统可能是已有制度遗留信息系统，也可能是单独开发一套信息系统。统一使用一套管理系统，可杜绝重复参保，避免管理机构和医疗机构网络租金、软件维护等费用的重复投入。对于基本医疗保险由第三方经办机构负责的，前提是制定明确的标准，使得第三方经办机构信息系统与城乡居民医疗保险信息系统能够较好地进行数据交换，第三方经办机构按实际业务需要与城乡居民医疗保险信息系统交换必要的数据。

（六）存在的问题

国家接连出台了一系列政策，对流动劳动力基本公共服务均等化问题进行了统筹部署。新农合与城镇居民医疗保险整合为城乡居民医疗保险制度的过程中，虽然初步实现了管理部门、业务经办部门、制度标准和信息系统的整合，但由于各地户籍改革进度不同，医保政策标准不一，跨区域沟通协调机制不畅通，政策评估机制缺乏，系统之间的替换、切换和运行不畅等问题的存在，医疗保险的转移接续仍然存在一系列尚待解决的问题。

一是国家政策落实难。2009 年 3 月，《中共中央国务院关于深化医药卫生体制改革的意见》提出了“以城乡流动的农民工为重点，积极做好基本医疗保险关系转移接续”的要求。2009 年 12 月，人力资源社会保障部、财政部、原卫生部联合发布《流动就业人员基本医疗保障关系转移接续暂行办法》（人社部发〔2009〕191 号），对流动就业人员基本医疗保障关系的转移接续问题做了规定。2011 年 7 月正式实施的《社会保险法》明确提出“个人跨统筹地区就业的，其基本医疗保险关系随本人转移，缴费年限累计计算”。由于在国家和省级层面上新农合管理职能尚未整合，导致上下不统一，部门的理念不同，统计口径不一致，导致统计报表等一些具体信息化工作不能很好地对接，各地政策的执行仍然较为滞后，大多数地区仅针对基本养老保险转移接续出台了办法，对于较为复杂的医疗保障关系转移接续，仅有部分地区涉及省内城镇职工医保的转移接续问题。

二是新农合参保向城镇职工和居民医保转移接续难。基本医疗保险制度包括新型农村合作医疗保险、城镇职工基本医疗保险、城镇居民基本医疗保险三类保障制度，分别针对农村人口、城镇有就业单位人口、城镇无就业单位人口三类人群。因此转移接续也存在六种不同方式。目前，城镇职工医保和城镇居民医保之间的转移顺畅，二者向新农合的转移较少，存在的主要问题是参保新农合的农民工向城镇职工医保和城镇居民医保的转移接续问题。新农合向城镇职工医保转移只要有接收单位就可实现，但很多地区不计算累计缴费年限。新农合向城镇居民医保的转移接续最为困难，由于灵活就业流动劳动力的工作年限较难计算，职业稳定性差，且流出地和流入地的医疗保险差距较大，因此流入地对于接收此类人口加入城镇居民医保的积极性不高①。湖北省、北京市等多数地区仅对城镇职工基本医疗保险的转移接续问题出台了专门的实施办法，出台的相关规定大多也要求是本省（市）户籍，对于灵活就业流动劳动力（或称无正式接收单位的就业人员）基本不予考虑。

三是区域间缺乏转移接续的调剂和补偿机制。新型城镇化人口流动有“三个一亿人”的规划，第一个一亿人是促进一亿农业转移人口落户城镇；第二个一亿人是改造约一亿人居住的城镇棚户区和城中村；第三个一亿人是引导约一亿人在中西部地区就近城镇化。总的来看，都是从落后地区向发达地区转移，而医保的转移方向和人口流向一致。这样会导致发达地区医保部门承担更多的统筹基金和公共财政支出，使这些大城市医保基金不堪重负。因此，为平衡医保转入地和转出地的利益差异，需要建立一套医保统筹基金的调剂机制②。

四是地区间医保信息互联互通成本较高。首先，不同地区在基本医疗

---

① 李忠冠，张国英，吴少龙．大城市医保转移接续：公平性、选择性与结果[J]．中国卫生政策研究，2014，7（5）：42—48.

② 杨宜勇，朱小玉．医保关系转移接续为何比养老保险难［J］．中国医疗保险，2011（4）：23—25.

保险的保障水平、保费补贴办法、补贴流程等方面存在差异。其次，医疗保险信息化建设尚未全面铺开。另外，由于城镇职工、城镇居民和新农合在各地分属不同部门管辖，也增加了互联互通的成本[①]。嘉兴市和铜陵市市本级已按照市政府要求完成城乡居民合作医疗保险制度并轨，并完成管理、经办、信息系统等不同层面的整合工作。整合困难突出表现在县（市）层级，整合工作还未真正有效推进，如网络尚未覆盖到医疗机构，信息系统数据还未实现无缝整合，信息化的保障作用未能充分发挥。

五是转移接续后的监管力度有待提高。两保统一以后，由于社保部门在省级未能建立起统一的基本医疗保险信息系统，对省级医疗机构服务质量难以监管，医疗费用有所增加。基本医疗保险经办交给第三方后，借助信息化的优势发现骗保等案例后，取证困难，没有执法权，更难以对医疗机构采取处罚措施。应加强对市内医疗服务质量的监管，定期公布省级医疗机构医疗服务质量、次均费用等，以控制不合理费用的增长，实现阳光医保。

三、医保转移接续的实现路径

为加快医保转移接续工作步伐，促进流动劳动力基本公共服务均等化，加大新型城镇化力度，需要从战略目标、主要任务、遵循原则和构成要素等方面建立完善转移接续的路径设计。

（一）目标和任务

转移接续的目标是主动适应城乡人口流动趋势，畅通基本医疗保险跨制度、跨地区转移渠道，分阶段实现覆盖全国城乡居民的国民健康保险制度。我国医疗保障发展战略目标的实施步骤分为三个阶段，第一阶段（2008—2012年），建设覆盖全民的多元医疗保障体系；第二阶段（2013—

---

① 龚文君．对基本医疗保险关系转移接续理念的思考：基于公共政策视角[J]．中国卫生经济，2012，31（5）：27—29．

2020年），建立区域性的国民医疗保险制度；第三阶段（2021—2049年），建立公平普惠的国民健康保险制度①。

转移接续的主要任务，一是在全国范围内实现医保关系的便捷转移、顺畅接续，促进农业人口市民化的有序转移；二是重点促进在城镇稳定生活的无雇工的个体工商户、未在用人单位参加职工基本医疗保险的非全日制从业人员以及其他灵活就业人员参加基本医疗保险；三是建立不同地区间医保统筹基金与流动劳动力流向一致的跨地区转移机制，实现城乡基本医疗保险制度一体化②。

（二）遵循原则

一是坚持以人为本，自主自愿的原则。基本医疗保险制度是社会公平和正义的保障网，也是开展新型城镇化建设、建立服务型政府的必然要求，扩大参保覆盖面是该项制度成功的基础。但部分地区为维持较高的参保率，强制参保，或者设置复杂流程，均违背了政策设计的初衷。需要以增加医保福利为根本宗旨，充分发挥社会保障再分配的调节功能，把人人享有基本社会保障作为优先目标，完善制度设计，努力提高医保补贴水平，切实加大政策宣传，从而吸引符合条件的人主动参加社保，使广大人民群众平等共享经济社会发展成果。

二是坚持分步实施，先易后难的原则。其一，按照人口特点分为整村转移接续和个体转移接续两类。自2009年以来，我国先后设立了成都、重庆、武汉城乡统筹综合改革试验区，开展了城乡居民统一社会保险制度的改革试点。随着户籍制度改革的推进，各地正在取消农业户籍，实施城乡统一的户籍等级制度，并探索建立与统一城乡户口登记制度相适应的教育、卫生计生、就业、社保、住房、土地及人口统计制度。城镇的不断扩

---

① 郑功成．中国社会保障改革与发展战略——理念、目标与行动方案［M］．北京：人民出版社，2008.

② 褚福灵．基本医疗保险关系转移接续探究［J］．社会保障研究，2010（5）：3—5.

展，以及《国家新型城镇化规划》对城市和城镇的重新界定，也形成乡镇、城郊村整村转变为城区的问题，原来参加新农合的村民面临新的医保制度选择。由于在一个地区，且城区通过整村改造可获得较大的利益，配套的医保转移接续相对较为容易。相应地，以个人或家庭户的医保转移接问题则较为突出，是今后的工作重点。其二，以跨行政区划的范围区分，跨行政区划层级越高，转移接续难度越大。因此首先应解决跨地市的转移接续，其次在省内统筹，最后在全国统筹。其三，以是否跨城乡分，城市之间、小城市和大城市之间相对较为容易，而农村向城镇的转移接续相对较难。其四，按是否跨医疗保险类别分，同一保险类别内部转移接续相对容易，新农合向城镇职工医保和城镇居民医保转移较难。因此需要区分不同档次，蹄疾步稳，逐步提高转移接续的层次和水平，最终实现在全国范围内的互联互通。

三是量力而行，财务可持续的原则。随着全国基本医疗保险制度的全面确立，中央、地方财政分级承担的补助标准也逐步提高，容易加大部分财政薄弱地区的压力。另外，为提高医疗保险统筹层次（如从县级统筹提高到全省统筹），在统一不同地区统筹层次的过程中，存在就高不就低的问题，容易加大区域内弱势县域的财政压力。而随着居民生活水平的提高，参加更高档次的医保也成为必然，也将相应增加财政的配套支出。因此，需要本着保基本、广覆盖的原则，建立与各地财政需求相匹配的政府转移支付机制，有效防止逆向选择行为的发生[①]。既确保逐步提高社会保障水平，使其与经济发展水平相适应，也要坚持财务可持续，避免给财政造成过大压力[②]。

四是坚持信息先行，部门整合的原则。搭建全国性的医疗保险信息网络，能够有效降低医疗保险信息量大、政策不一致造成的信息筛选、辨

---

① Culyer，A. J.，“Conflicts between equity concepts and efficiency in health：a diagrammatic approach”，Osaka Economic Papers，1991.

② 王小丽，叶广锋．基本医保关系跨制度转移接续的观察与思考［J］．中国卫生事业管理，2013（8）：587—589.

别、共享和沟通的成本，有效减少不同地区转移接续的工作量，也能够有效解决异地就医的管理和结算问题。要发挥信息化的优势，推进新农合等医保的信息化建设；进一步建立信息网络平台，能够使不同地区的信息跨省收集和双向推送；完善跨省就医费用信息的采集和交换机制，最终建成建立覆盖全国、联通城乡、安全可靠的社会保障业务信息网络和跨地区信息交换结算平台，建立多险种统管、跨区域接续、城乡一体化的社会保障经办服务系统，从根本上提高工作效率和专业化水平①。

（三）构成要素

政府部门。作为医疗保险的业务主管部门，承担着深化医药卫生体制改革，协调推进医疗保障、医疗服务、公共卫生、药品供应和监管体制综合改革，巩固完善基本药物制度和基层运行新机制，推进基本公共卫生服务均等化，提高人民健康水平的重要职责。以 2020 年努力实现全民基本医保为目标，通过保基本、强基层、建机制，统筹谋划、突出重点、循序渐进、攻坚克难，深入推进医保制度改革，逐步达到人人享有基本医疗卫生服务的目标。因此需要转变政府职能、强化服务型政府建设，通过完善管理进一步改进医疗卫生服务效率、通过强化服务进一步提升卫生服务水平，这是实现医保转移接续的内在动力。

参保者。即医保的被保险人，是医疗保险资金的主要来源和消费主体，参保人的自身健康状况、疾病情况、风险抵御程度、对医保制度的满意程度等是衡量和评价医保制度的根本标准。

医疗保险机构。在医疗保险业务中负责医疗保险费用的筹集、管理、结算和支付，向参保人宣传和解释医保参保和报销业务，对与医疗机构的协议履行行为进行监督，编制基本医疗保险基金的预算、决算等业务，在医疗保险系统中处于主导地位。

医疗服务提供者。即医疗保险需要支付费用的与疾病治疗有关的医

---

① 汤晓莉．社会医疗保险可携带性政策研究［D］．武汉：华中科技大学，2010.

疗、护理、药品等服务提供者，不仅包括个人，还包括提供各种保健服务的专业机构，即由医疗保险部门审查，并经社会保险经办机构确认，为参保人员提供指定医疗服务的医疗机构及其医务人员。

（四）实现路径

实现路径是指实施的具体步骤，包括每个步骤的目标和实现程度。医保转移接续的实现路径包含了四大宏观层次、六大中观层次和多种微观层次。

宏观层次包含战略层、要素层、原则层和任务层，是从制度可持续发展角度分析医保转移接续的战略规划。中观层次包括政府、医疗保险机构、参保者、医疗服务提供者、具体实施原则、分阶段实施步骤等。其中

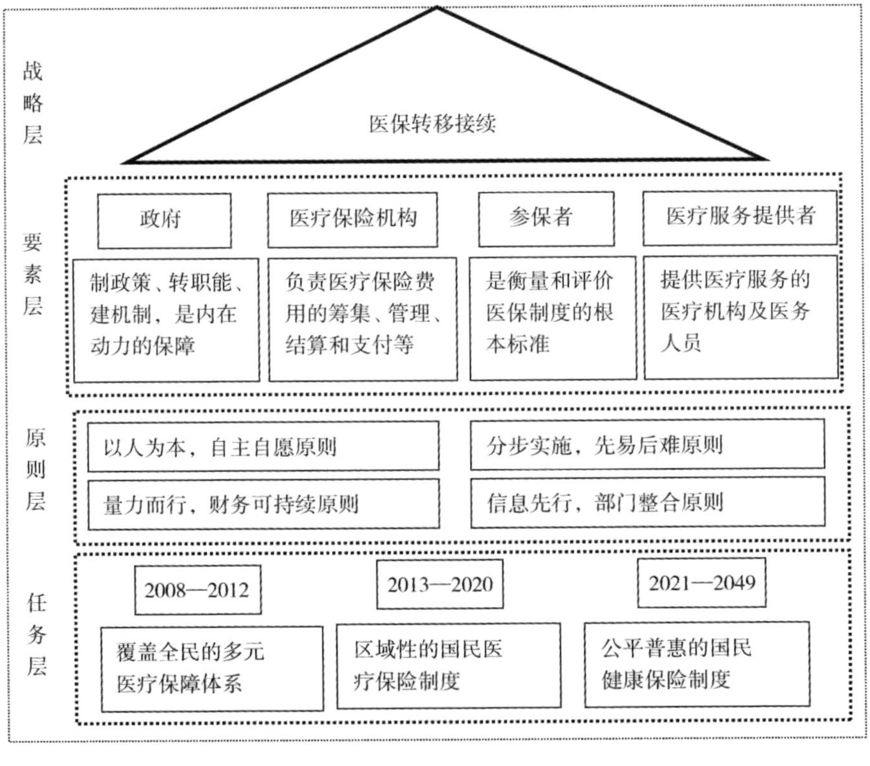

图 4－1　医保转移接续的实现路径

政府、医疗保险机构、参保者、医疗服务提供者构成了要素层，指医保转移接续过程中各参与要素的主体地位；原则层包含四大原则，是转移接续行为所必须遵循的原则；任务层展示了医保制度完善过程中的分步实施规划。在每一个中观层面下，又包含一系列的微观层面要素。所有要素组合起来构成了医保转移接续的实现路径。

四、加强医保转移接续的顶层设计

为推进医疗保险城乡统筹，适应人员在城乡间、地区间的流动，让参合对象享受到平等便捷的服务，应在综合考量现有两种制度的基本设计和信息系统功能的基础上，从全局角度进行顶层统一规划设计，明确责权利，做好两种制度整合和信息系统合并的过渡工作，通过制定规范标准来促进共享和深化应用。

（一）加强立法和顶层设计，明确管理架构和权责利

《社会保险法》虽然规定了“个人跨统筹地区就业的，其基本医疗保险关系随本人转移，缴费年限累计计算”，但是缺乏具体的操作细则，各统筹地区大多考虑地方利益，政策执行效果较差。因此，国家应出台针对医保转移接续的标准、缴费年限计算方法、基金风险调控等的实施细则，在立法层面实现统一的权力分配和制度设计，克服不同利益集团的冲突，提高医保的可携带性①。

在国家层面做好顶层设计，使得省和区县城乡居民医疗保险信息系统信息流向归口明确，业务流程规范，标准衔接，功能规范。针对新农合和城镇居民医疗保险合并为城乡居民医疗保险后，经办主体可能是人社部门，也可能是卫生计生部门的状况，为了使得数据能够更好地汇集和共享，支持多种应用，在国家（部委）层次可建立国家级城乡居民医疗保险

① 王承斌．流动人口基本医疗保险制度的实施难点及对策探讨［D］．成都：西南财经大学，2013．

信息平台和卫生计生数据中心与人社数据中心（一个平台两个中心），省级层面根据本省城乡居民业务信息系统现状，采取一个中心或者两个中心，在县级层面明确为一个业务数据中心。顶层设计与城乡居民医疗保险的管理和经办相适应，形成业务明确、归口管理、功能规范、网络互通、多级数据共享的格局。

城乡医疗保险制度整合后，将会形成一家管理、多家经办、分工负责、多层实施的态势。一家管理可分为多种情况，一种是实体机构，管理方是卫生计生部门或是人社部门；一种可能是虚拟组织，政府成立专门的组织（领导小组、委员会之类的）负责政策制定，统筹发展，由卫生计生部门和人社部门共同经办；同时引入第三方机构参与基本医疗保险经办或者大病保险经办；或者引入第三方服务机构进行核查和服务等，需要明确各自的职责，信息系统建设的主动权为政府所有，城乡居民医疗保险由政府部门经办的，信息系统由政府主导建设，委托第三方经办与服务的，按需提供数据，供第三方开发经办业务系统。

（二）整合城乡医保，建立医保调剂金制度

整合城镇居民医保和新农合，推进农民工大病医疗保险与城镇职工基本医疗保险的衔接和整合①。借鉴发达国家经验，建立医疗保险统筹基金调剂机构，设立转移接续调剂金，重点补助在医保转移接续过程中引发的利益分配问题，平衡医保接续双方的基金收支②。收集各统筹地区医保人员的参保人数、年龄、健康状况等信息，一定时期内转出人员多的统筹地区多缴纳费用，转出人员少的统筹地区少缴费用，对转入流动人员较多、基金支出量大的统筹地区进行基金补助。

---

① 赵冰．农民工医疗保险转移接续问题研究［J］．天津社会保险，2013（2）：11—12.

② 熊吉峰．农民工医保转移接续中的区域利益分割与化解对策［J］．开发研究，2011（4）：94—97.

（三）提高统筹层次，建立多层次的筹资缴费机制

统筹层次过低导致了制度间和区域间的政策差异和转接困难，逐步提高统筹层次是解决医保转移接续的有效途径，是实现制度内政策一致性的前提①。统筹层次越高，抗风险能力越强，更能体现医保的公平性和高效性，更能使医保基金风险最小化和参保人权益最大化。应设立与待遇水平挂钩的多层次的筹资缴费机制，参保者根据自身实力和意向自主选择参保标准，并获得相应的保险待遇，逐步实现不同医保制度在缴费水平和待遇水平的对接②。

（四）规范经办业务流程，加强数据标准建设

由于新农合和城镇居民医疗保险制度的相似性，整合后业务流程能够较好地统一规范，筹资对象以家庭为单位进行参保；筹资来源一部分是政府财政投入，一部分是个人缴费；筹资的周期均是一年；诊疗、报销等流程基本相近。制度整合以后城乡居民医疗保险业务流程规范，可进一步指导信息系统的功能规范建设，数据资源共享，便于形成“同人同城同库”，或形成“同人同城异库”多数据中心的信息共享。将城乡居民基本医疗保险经办业务流程细分筹资、就诊、报销等环节，根据业务环节制定相应系统功能规范。

为促进城乡居民医疗保险在卫生计生部门和人社部门管理下，数据能够被充分共享，支持多种应用，在国家层面出台标准规范的指导意见，以省为单位统一标准规范，这些标准规范包括三种类型：第一，业务标准。对参合、筹资、就诊报销补偿等环节进行规范，指导各地开展城乡居民基本医疗保险经办业务。第二，数据交换格式。城乡居民基本医疗保险核心业务涉及哪些类型的数据，这些数据以何种格式进行交换，以何种周期进

① 谢竞儒．农民工医疗保险关系转移接续问题研究［D］．成都：西南财经大学，2013.

② 仇雨临，翟绍果．城乡医疗保障制度统筹发展研究［M］．北京：中国经济出版社，2012.

行交换等明确规定时间。实现规范跨业务、跨地区、跨层级、跨部门之间信息的交换。第三术语标准。不同信息系统之间能够相互理解交换的内容，以省为单位统一疾病、药品、诊疗等城乡居民基本医疗保险报销政策涉及编码标准，引入国标和行业标准编制信息系统辅助编码，例如，医疗机构编码、人口统计学信息编码等。最后统一统计报表格式以及归口单位等，以促进信息在辅助决策中的有效利用，也能够减少基层工作者调查统计的工作量。

（五）加强信息化建设，实现医保转移接续的技术支持

完善的信息系统是统筹管理医疗资源的要素之一，目前我国各地的医疗保险管理系统在同一统筹地区不同险种之间的不一致，严重阻碍了医疗保险的衔接和并轨。二保合一后，城乡居民基本医疗保险制度信息化建设的整合面临三个重要任务：网络对接、信息系统切换、数据的集成和共享。网络对接解决专网与专网之间、专网与公网之间，县市级医疗机构（经办机构）与乡镇、村卫生室之间的对接。制度整合后尽量避免推翻已有信息系统重新构建新的信息系统，建议通过扩展已有信息系统功能，支撑整合后的城乡居民医疗保险经办业务。在数据层面，依据已有行业标准，制定适合本地区的数据集成和交换标准规范，使得原有新农合和城镇居民医疗保险信息系统所存储数据能够被集成，或者能够进行交换，支持跨系统的数据交互。数据标准以已满足基本医疗保险核心业务环节的数据为准。同时，应加快建设全国或省级统一的医疗保险信息系统，实现全国医疗保险数据库的互联互通与信息共享，用信息化手段规范经办程序，为最终实现医疗保险异地就医、转移接续提供技术支撑[①]。

---

① 张雪松．医疗保险关系转移接续研究［D］．昆明：云南大学，2013.

第五章

社会办医：影响医疗卫生服务可及性的供给视角

随着各类居民医疗服务需求的分化，现有以公立医院为主体的医疗机构缺乏对不同层次医疗服务需求的针对性供给，是影响医疗卫生服务可及性的重要原因。社会办医是和政府办医相对应的概念，指由非官方的社会资金和民间资本，以直接出资、收购、兼并重组、风险注资等多种方式举办医疗机构的行为。相对公立医院，民营医院体制灵活，产权明晰，具有融资主体资格等优势，在补充公立医院留下的市场空缺、服务空缺，提高医疗卫生服务可及性水平方面可发挥积极作用。由于民营医院自身服务能力弱，客户资源少，收入来源单一，亟须通过市场融资来满足医院发展需求，同时，社会办医作为医疗卫生体制市场化改革的重要方向，需要财税、土地、金融等一系列政策配套，也会衍生出人财物、投融资等大量医疗资源、社会资金的优化配置需求。因此，必须深刻认识社会办医的重要意义和市场融资对医院发展的必要性和可行性，充分借鉴国际经验，积极探索合理稳定的融资途径，构建多元化市场融资机制，创新医疗机构投融资体制机制，发挥市场在资源配置中的决定性作用，形成公立医院与民营医院互动、协调、多元发展的办医格局，从提高医疗卫生服务供给侧效率发力，促进提升医疗卫生服务可及性。

一、当前我国社会办医面临的形势和必要性

随着收入水平的提高，人民对医疗服务的需求日益强烈，加上卫生费用的逐年增长，财政负担日益加重，对医院的投入相对稳定，因此现有公立医院的发展逐渐难以满足居民“病有所医”的小康社会目标需求。2012年，公立医院的财政补助收入占总收入的比例为14.65%，而在非公立医院该比例仅为0.73%[①]，资金缺乏已经成为制约医院发展的最大瓶颈，同时医院依靠药品作为主要收入增长点的传统渠道受阻，新的收入体制尚未建立，迫切需要通过外源融资来保持资金供给。

2000年以来，我国民营医院的数量和规模都在不断扩张，相关的改革政策也陆续出台。2013年11月，国家出台了《中共中央关于全面深化改革若干重大问题的决定》，提出鼓励社会资本直接进入医疗等多元需求服务领域，优先支持举办非营利性医疗机构的总体部署。2014年1月《关于加快发展社会办医的若干意见》（国卫体改发〔2013〕54号）中提出，从举办主体、服务领域、医用设备、配套政策、审批手续等多方面加大对社会办医的支持力度。将社会资本引入医疗卫生行业是医疗服务体系的发展趋势。2014年10月24日，国务院常务会议中明确提出了落实支持政策，吸引社会资本对教育、医疗、养老、体育健身和文化设施等五个重点领域的投融资，同时创新重点领域投融资机制，为社会有效投资拓展更大空间。2014年11月26日，国务院出台《关于创新重点领域投融资机制—鼓励社会投资的指导意见》（国发〔2014〕60号），特别强调要鼓励社会资本加大对医疗、养老等社会事业的投资力度，创新融资方式，拓宽融资渠道。

---

① 国家卫生和计划生育委员会.2013中国卫生和计划生育统计年鉴［M］.北京：中国协和医科大学出版社，2013.

（一）我国医疗机构的发展现状

1. 现有的医疗机构难以满足日益增长的医疗服务需求

随着健康理念的逐步普及和经济社会的快速发展，人们越来越认识到健康的重要性，对医疗服务的需求更具差异化和高端化，消费在医疗上的费用也越来越多。据初步核算，2016 年全国卫生总费用达 42145 亿元，人均卫生费用 3050 元，增长率达 8.11%。与此同时，对健康服务的需求延伸到医疗美容、康复保健等领域和提升高特需服务、私人服务等层次。

公立医院的公益性决定了其在保障人民的基本医疗需求等方面发挥着举足轻重的作用，但是产权不清晰、管理理念滞后、管理体制僵硬、财政补贴有限等问题制约了其进一步发展，加之国民对健康服务的需求范围不断延伸和扩展，需求层次不断提高，公立医院的医疗服务供给和人民需求之间的差距越来越大①。

从资源分布来看，民营医院的数量自 2005 年以来快速增加，但服务提供能力不足，规模较小。如图 5—1 所示，2005 年至 2013 年，我国营利性医院数量从 2005 年的 2971 个增长至 2013 年的 7440 个，年均增长率为 12.16%；而同期非营利性医院则从 15673 个增长至 17269 个，年均增长率仅为 1.22%。截至 2013 年年末，我国有民营医院 1.13 万家，有公立医院 1.34 万家，民营医院占医院总数的 45.8%。

从服务提供能力来看，营利性医院的床位数从 2005 年的 12.6 万个增长到 2013 年的 39.2 万个，8 年增长了 3.1 倍，年均增长率为 15.2%，而同期非营利性医院的床位数从 231.4 万个增长到 418.6 万个，年均增长率为 7.7%。2013 年，民营医院床位数占所有医院床位数的 15.6%（见图 5—2）。

不同性质医院的诊疗人次数也显示出非营利性医院的巨大优势，民营医院在 2013 年的诊疗人次是医院总数的 10.6%，民营医院的入院人数占

---

① 仲西瑶，卢新璞，邢沫，等．公立医院与社会资本的合作之势在“何”行[J]．中国医院管理，2014，34（6）：3—5.

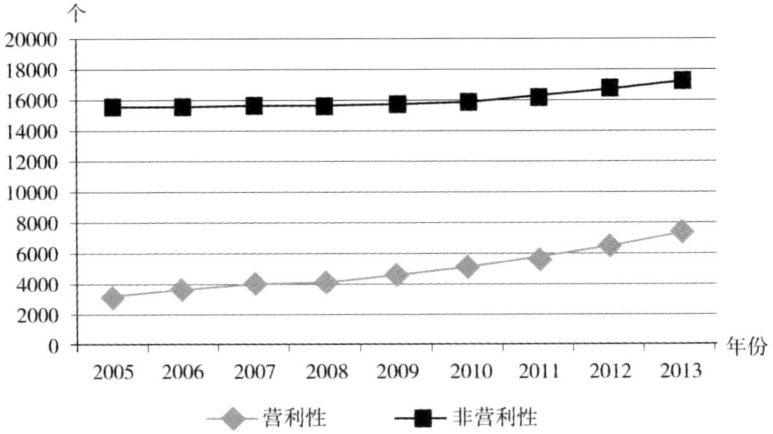

图 5－1　2005—2013 年营利性医院与非营利性医院数量

数据来源：《2014 中国卫生和计划生育统计年鉴》。

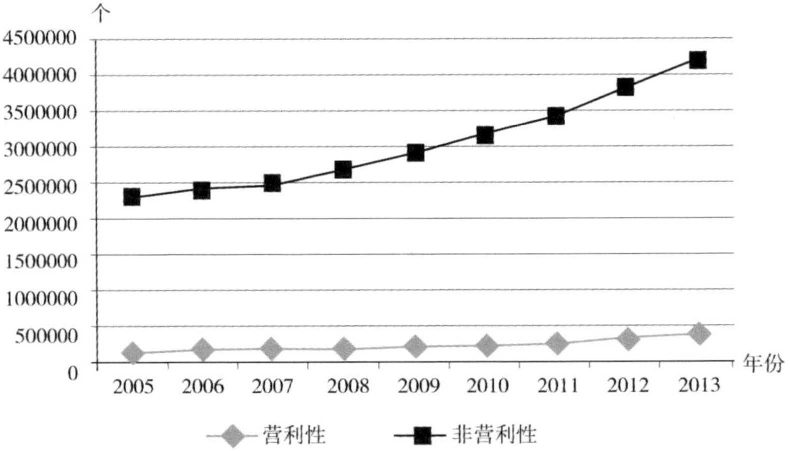

图 5－2　2005—2013 年营利性医院与非营利性医院床位数

数据来源：《2014 中国卫生和计划生育统计年鉴》。

总入院人数的 12.1%。图 5－3 显示，2005 年营利性医院的诊疗人次为 5559 万人次，2013 年增长至 14804 万人次，8 年增长了 9245 万人次，而同期非营利性医院增长 12.65 亿人次，增量是营利性医院增量的 13.7 倍。

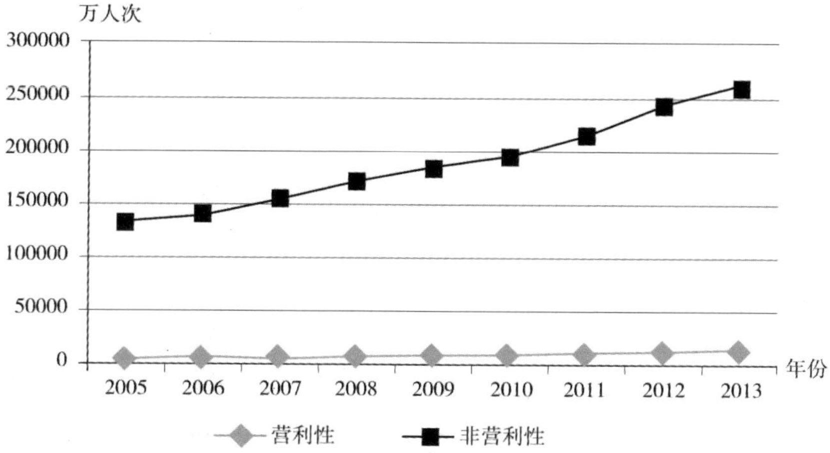

图 5－3　2005—2013 年营利性医院与非营利性医院诊疗人次数

数据来源：《2014 中国卫生和计划生育统计年鉴》。

2. 医保体系逐步全覆盖，医疗财政支出压力增加

我国基本医疗保险制度快速发展，逐步建立了三大基本医疗保险制度，城镇职工基本医疗保险制度于 1998 年建立，新农合制度和城镇居民基本医疗保险制度分别于 2003 年和 2007 年建立。截至 2013 年，三项基本医疗保险参保人数超过 13 亿，其中城镇基本医疗保险 5.7 亿人，总参保率达到 95%以上。2013 年享受待遇人次达到 16.7 亿人次，比 2008 年增长 1 倍，其中职工医保 13.4 亿人次，居民医保 3.3 亿人次。

随着医保体系的全覆盖，公立医院医疗服务供需矛盾突出，公立医院的扩张需求和地方财政面临巨大挑战[①]。数据显示，2012 年公立医院收入为 1.8 万亿元，来自财政及上级补助为 2702 亿元，占比仅为 14.65%。

3. 国内医疗卫生总费用增长，医疗服务效率亟待优化

2000 年以来我国卫生总费用呈现快速增加趋势，从 2000 年的 4586 亿元增加到 2013 年的 3.19 万亿元，年均增长率为 17.72%。政府卫生支出

① 赵大海. 政府对公立医院财政投入的水平和方式研究 [J]. 财政研究，2010 (2)：7—9.

也从 2000 年的 709 亿元增加到 2013 年的 9546 亿元，占卫生总费用的比例从 15.5%增加到 30.1%。人均卫生费用也从 1990 年的 65.4 元增长到 2013 年的 2327 元，年均增长率为 16.8%；卫生总费用占 GDP 的比重在 2013 年也达到了 5.57%（见图 5—4）。

虽然医疗卫生支出逐年增加，但是看病难、看病贵的问题依然没有解决，公立医院的资源配置不均衡现象突出①，医疗服务时间短、医疗等待时间长的现象明显，医疗服务效率亟待优化。

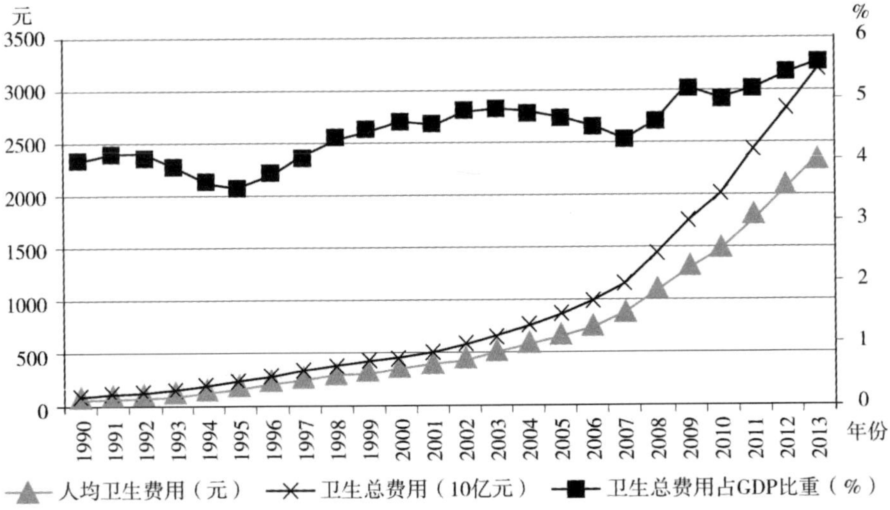

图 5—4　1990—2013 年我国卫生总费用及人均卫生费用

数据来源：《2014 中国卫生和计划生育统计年鉴》。

(二) 公立医院存在的问题制约了其作用的发挥

一是政府投入不足、投入结构不合理是当前公立医院存在的主要问题。目前公立医院仍然是以政府投入为主的补偿机制，但财政投入明显不足，无法弥补与公立医院承担的基本卫生服务相对应的成本开支，无法保证其社会责任和义务的公益性定位。这也导致公立医院出现了趋利行为，

① 李习平，刘薇薇，杨柳青，等．“新医改”背景下公立医院现状及发展对策研究 [J]. 卫生软科学，2012，26 (8)：686—689.

医疗服务收费与药品加成等问题突出。

二是政府主导的激励约束机制有待理顺。目前公立医院实行的是党委领导下的政府投入的院长负责制，这种体制的最大缺陷是缺乏创新性和动力。创新激励机制、提高医院效益是公立医院普遍关注的主要问题。因此，针对新医改的政策部署，积极实施公立医院改革是提高公立医院效率和缓解看病难、看病贵问题的有效措施。将公立医院提供的服务进行差异化，在市场中可以提供的服务由市场来解决，积极发展民营医疗机构，使其成为公立医疗机构的有效补充。同时重视人才和医疗技术的差异化，通过人才引进、加强考核等激励措施培育优秀人才。

三是行政化的政府监管运行效率不够。行政化监管是公立医院主要的管理模式，监管内容主要包括服务提供和服务价格，监管手段主要是现场督导和间接监控，监管理念为“监”“管”并重，对资金运用的合理性、医疗服务行为的有效性、医疗政策的严肃性、监管行为的深度都缺乏有效的制度安排，没有形成一套合理的监管理念和框架，监管效率不高，监管激励不相容，监管主体和监管对象之间缺乏健全的激励机制。首先，监管部门在传统的管理理念指导下，对激励的措施重视不足，僵硬的管理体制和管理方式导致公立医院运行效率低下，运行成本居高不下，创新机制缺乏。其次，在监管对象和监管主体间存在信息不对称，导致监管主体不能及时有效地发现和处理出现的新问题，同时，医生和病人之间也存在沟通不畅、信息不对称问题，极大地导致了公共资源的浪费和医患矛盾的突出。

四是公立医院区域和层级间资源配置不合理。公立医院在地区分布上存在资源分配不均问题。受我国各地区经济发展水平、地理位置和社会环境等因素的影响，公立医院在我国东部地区、中部地区和西部地区，城市和农村，发达地区与不发达地区之间存在显著的医疗资源分配不均等问题。大量医疗资源集中在东部地区、发达的城市地区，而西部等欠发达农村地区的医疗资源则相对匮乏，同时医疗服务人才供给也不足，设备的缺乏、技术的落后、激励机制的缺乏，都导致西部难以吸引优秀的人才。

（三）社会办医的意义

引入社会办医不仅对于缓解看病问题有重要意义，而且对于盘活社会资金资源、优化医疗资源配置、促进小康社会目标实现等具有理论和实践意义。

第一，符合全面深化医疗体制改革总体部署的要求。加快发展社会办医是2000年以来我国医疗体制改革的一个重要方向，多个文件都对此提出明确要求。2012年国务院印发的《“十二五”期间深化医药卫生体制改革规划暨实施方案》（国发〔2012〕11号）中进一步指出要大力发展非公立医疗机构，鼓励社会力量以及境外投资者举办医疗机构①。国家也出台了专门针对社会资本办医的文件，强调实际制定和完善、鼓励、引导社会资本举办医疗机构实施细则。社会办医已经成为我国医药卫生体制改革的重要内容。创新投融资体制机制，探索社会办医的投融资体系有利于提高医院运行效率，改善服务质量，有利于更好地实现医药卫生体制改革目标。

目前国家对医疗机构尤其是民营医疗机构在税收、人才、医保定价等方面都给予了明确引导和支持，新医改方案及配套政策为各地落实社会办医政策提供了依据，也为投资主体对医疗机构的投资提供了政策保障。随着医药卫生体制改革的深入和医疗服务市场的逐步开放，对医院的投资逐渐成为投资新热点。

第二，有利于增加医疗服务的供给。面对我国日益增长的医疗卫生费用，传统的依靠财政拨款的筹资方式已经不能满足医院发展需求。积极利用社会资本投向各类医疗服务领域，充分发挥市场在资源配置中的决定性作用对于缓解财政压力、提高财政利用率、转变政府职能具有重要意义。增加医疗供给既可以通过改善现有公立医院服务质量、提高服务水平进行，也可以通过成立新的民营医院来实现。增加民营医院既可以增加医疗服务供给能力，又能够带来“鲶鱼效应”，激励甚至倒逼公立医院提高自

---

① 国务院．国务院关于印发“十二五”期间深化医药卫生体制改革规划暨实施方案的通知［Z］．2012．

身服务能力和服务质量。

第三，有利于满足多元化的医疗服务需求，增加医疗服务可及性[①]**。**居民生活水平的提高和健康观念的转变，对医疗服务的多元化需求快速增加。目前我国虽然公立医疗机构较多，但大多数医院经营模式单一、服务水平也较类似，缺乏差异化服务，现有的医疗资源已经不能满足市场的需求，这为非公立医疗机构发展特色医疗和差异化医疗提供了契机。

第四，有利于促进医药卫生产业加快发展。医药卫生产业国民经济新的增长点，也是我国经济进入新常态下转型升级的方向所在。美国医疗产业在其各个行业中位居前列，产值高达 3.5 万亿美元[②]。在我国，作为战略性新兴产业之一的医药卫生产业具有很大的发展空间，通过放开社会办医渠道，能够有效促进医疗产业产出和市场良性竞争，从而激发产业发展的潜力和活力。

第五，有利于拓宽医药从业人员的就业机会和职业发展空间。就业是民生之本，社会办医能够在扩大医药从业人员就业方面发挥着重要作用。至 2010 年，美国医疗产业雇用超过 1600 万人，占美国总就业人口的 10%以上[③]。在中国，2012 年医院的从业人数为 493.7 万人，民营医院的从业人数仅为 65.5 万人，二者合计仅占当年我国总就业人口（76704 万）的 0.73%，可见，民营医院的从业人数还有很大增长空间，发展社会办医对创造就业具有重要作用。

---

① 黄二丹，王书平．我国医改以来社会办医的进展与挑战［J］．中国卫生政策研究，2013（9）：47—51.

② 美国健康产业的发展及启示［EB/OL］．［2012－10－18］．http：//finance.ifeng.com/money/insurance/hydt/20121018/7165387.shtml.

③ Table 162. Employment in the Health Service Industries. Source：U.S. Bureau of Labor Statistics，Current Employment Statistics，“Employment，Hours，and Earnings — National，” accessed May，2011.

二、社会办医的理论和实践

（一）社会办医相关理论

1. 新公共管理理论

20 世纪八九十年代，新公共管理理论在西方盛行，主要内容是指将政府治理与市场机制相结合，将私人部门的管理方法和竞争机制引入政府部门，重塑政府与社会的关系，对政府职能和规模进行再定位，以提高政府部门的运营效率和服务水平。新公共管理理论认为，政府部门应该提高人力资源管理能力，强化财政控制能力，明确管控目标，采用绩效评估方法，转变政府职能，允许引入私人部门的有效机制来提供公共产品；实现公共管理的信息化、多元化和企业化，通过组织与管理的重新调整来提升公共服务的品种，以提高政府运行效率①。

公私合作（PPP）是新公共管理的主要策略之一，是政府实现高效公共管理和提供公共服务的方式之一，主要包括合同外包、特许经营、共同生产和私有化四个方面。合同外包指将政府垄断的公共服务生产权和提供权向私人部门和非营利部门转让，政府作为顾客和委托人来购买这些公共产品和服务。特许经营指政府允许私人部门参与基础设施建设或提供特定服务项目，私人部门享有一定时期的经营权。建设期满后私人部门通过向使用者收费来收回成本。共同生产指公共部门和私人部门通过协议共同提供产品和服务。私有化指通过股份转让、招标、出让股份的形式进行项目建设。

国家医药卫生体制改革主张坚持公平与效率统一，政府主导与发挥市场作用相结合，引入市场机制来提高运行效率和服务水平。菲尔德等（2006）研究了英国医疗事业发展 PPP 的障碍因素后认为公共部门进入

① 于广军，高解春．全球化视野中的公立医院改革［J］．中国医院院长，2012（6）：33.

PPP 能力有限，应选择合适的战略伙伴，并加强合同谈判能力、环境预测能力和监督管理能力①。

2. 产权理论

产权制度是约束和限制人们行使财产权力，维护和保障财产权利不受侵犯的一系列行为规则，是关于产权界定、营运和保护等一系列安排和法律规定的综合②，包括规范化的法律制度、长期实践形成的社会风俗和伦理道德规范等。产权包括所有权、使用权、收益权和处置权。产权理论的代表人物科斯认为，若市场机制运行不存在交易费用，则市场机制使得资源配置达到最优，若市场机制存在交易费用，则产权界定不同，资源配置效率也不同。产权制度选择的依据是社会经济发展程度和生产力水平，资源的属性是产权制度安排具体形式和产权结构组合的依据③。产权的明确界定、顺畅流转、自由交易、转让、兼并、收购和重组是产权制度健全的表现，产权的创新是市场制度、企业制度和法律制度创新的基础。

中国产权制度改革最主要的是提高国有产权运营效率和实现宏观层面产权结构的合理组合。改革开放以来，我国已经形成了国有产权为主，集体产权、个体产权、外资产权、混合产权多种产权形式并存的宏观产权结构。医疗系统的产权结构不合理是其产权效率低下的主要原因，我国公立医院的产权不明晰是阻碍其进一步发展的主要障碍，建立市场竞争机制，改善资源配置结构对提高公立医院的运行效率具有重要作用。

3. 委托代理理论

委托代理理论是罗斯于 1973 年提出的，在利益冲突和信息不对称的环

---

① Bloomfield P. The Challenging Business of Long－Term Publlic－Private Partnerships：Reflection on Local Experience. Public administrative review，2006，66（3）：400－411.

② 王长青．公立医院体制改革的理论分析与实证研究［D］. 华中科技大学，2008.

③ 科斯．企业、市场与法律（第 1 版）［M］. 上海：上海人民出版社，1990：23－56.

境下，为了实现目标最大化，企业主让更专业的人代理企业，使企业所有权与经营权分离。企业所有人设计激励机制，促使经营人提高代理效率，这种所有人与代理人之间的关系是委托代理关系。企业所有人拥有企业的所有权，代理人拥有经营权，所有人给予代理人一定的决策权力，并用报酬激励代理人，同时对代理人的代理行为进行监督。

在医疗卫生领域，医院行使代理人的角色，政府拥有医院的所有权，是公共利益的代表，政府委托医院为公众提供优质合理的医疗服务。政府的目标是使医院为公众提供质高价优的医疗服务，医院的目标除了向公众提供优质的医疗服务外，还追求自身经济利益的最大化。同时政府和医院之间存在信息不对称，医疗行为很难进行标准化和规范化，政府不能完全了解医院的医疗行为，由此产生了代理行为。

激励机制不能完全解决代理问题，只能使政府和医院的目标尽可能一致，降低政府与医院之间的信息不对称，加强对医院的监督和信息披露，完善医院准入、税收、人才等方面的政策，提高医院的参与性，使医院的自身效用最大化。

以上理论分析为社会办医的投融资体系构建了基本思路，公共选择理论在公共物品属性的基础上提出了政府供给公共产品会出现政府失灵，必须引入市场竞争，引导医疗服务提供主体的多元化。新公共管理理论提供了政府供给医疗服务的新路径，提出了公司合作模式提供医疗服务的可行性，强调了合同外包、特许经营、共同生产和私有化四个方面的路径选择。产权理论指出了医院产权不明晰是阻碍医改的主要障碍，应充分发展市场竞争机制，赋予公立医院和民营医院较为健全的财产权利，如经营权、收益权、抵押权等，从而盘活医院资产，使医院资产能够用来投融资，提高资源配置效率。委托代理理论提出了经营者与所有者的权利归属，对于公立医院改革，及各类医院引入现代职业经理人制度，改进激励机制，提高医院运营效率具有积极意义。通过理论的分析，可以将其运用并指导实践，从而实现理论指导实践的意义。

（二）国际上的成功实践

社会资本办医是大势所趋，从发达国家的实践来看，各国引入社会力量举办医疗机构，通过设立更多医院、提供差异化供给和专科服务、增加医院之间的竞争、改进支付方式等途径显著提升了医疗服务效率。近几十年来，美国、德国、印度、以色列等国政府允许营利性与非营利性医疗机构性质的相互转变，使大量的医疗服务需求得到基本满足，医疗费用没有过快增长。

1. 美国经验：医疗行业市场竞争和并购重组促进社会资本进入

美国是非营利组织发展较为成熟的国家，其卫生体制是以商业健康保险为支撑，以私立医院为服务提供主体的高度市场化导向体制。由于美国在医疗服务上存在过度检查①，医疗服务价格过高等因素②，导致其卫生费用支出远高于其他发达国家且连年增加。此外，美国人口老龄化现象进一步加大了卫生费用支出压力。因此，市场化导向的医疗服务体制使社会投资者逐渐进入医疗卫生领域。

20 世纪六七十年代医院集团开始大量出现，21 世纪初美国已经拥有 6300 多家医院，形成了 500 个医院集团③。医院集团以非营利性私立医院为主，通过并购重组纵向进行健康保险、健康管理、不同层级医疗保健服务等多领域的资源和服务整合。营利性私立医院则通过连锁经营和兼并收购扩大市场占有率，提升自身实力和水平。2013 年，奥巴马医改法案获得通过，在其医疗保险改革刺激下大量卫生需求得到释放，进一步促进了卫生总费用的增长和多起大规模医疗服务机构的并购重组。美国医疗保险行业大公司间的兼并重组十分活跃，也促进了整个行业的竞争，增强了社会办医的实力。

---

① 胡善联．美国卫生费用的研究和启示．卫生经济研究，2013（8）：9—11.

② 侯建林，孟庆跃．美国卫生费用上涨和控制及对我国的启示．中国卫生政策研究，2010，3（12）：42—50.

③ 王毅．美国医院的集团化运作．中国卫生产业，2003（1）：70—72.

非营利性医院向营利性医院的转化浪潮为大型医疗集团的产生和发展壮大提供了良好机遇。私立医疗服务领域的并购重组和横纵扩张使机构经济和社会效益同步提高。经营管理的横向整合使服务覆盖范围更广，提高了患者获得服务的便利性，有效的激励约束机制使创新和管理能力得到改善，服务更加标准化，效率和质量得到一定提升，行业发展得到空前壮大并逐步优化。

2. 德国经验：支付方式改革倒逼私立医院进入

德国的医院分为公立医院、非营利性私立医院和营利性私立医院。公立医院的所有权属于联邦、州、市或区政府；非营利性私立医院由教会或矿工协会等非营利组织经营；营利性私立医院由营利性的个人或公司经营。德国的医院体系中公立医院仍然占据主体地位①。

德国在国家财政吃紧情况下的支付方式改革倒逼私立医院进入医疗服务领域。20 世纪 90 年代，在大量社会资本支持下，德国医院开始了以公立医院私有化转制为主的结构重组，主要是针对减轻财政负担，提高服务效率的支付方式改革。德国对医院的固定资产投入由政府财政进行支付，服务成本的补偿主要通过疾病基金进行支付。最初的支付方式是按日支付，但易造成病人住院时间的人为延长，病床周转率低且医疗费用得不到有效控制。于是 1993 年的医疗服务结构法案提出对医院的补偿与每年医保基金收入挂钩，同时取消全成本补偿并规定支出上限，允许医院盈利或赤字运行②。1996 年变按日支付为按日和按病种混合支付。此后，医院住院床日得到缩短，效率得到一定提高，但由于改革不得不进行的成本控制导致部分医院开始关门、减小规模或公立医院私有化转制。

2003 年，德国医院引入 DRG 支付，2009 年完全铺开推行，医院效率

① 陈利平，王发渭．德国医院管理情况介绍［J］．军医进修学院院报，2001，22（3）：235－237．

② Busse，Reinhard and Annette Riesberg．Health care systems in transition：Germany，Copenhagen，WHO Regional Office for Europe on behalf of the European Observatory on Health Systems and Policies，2004．

显著提高，费用得到进一步控制。公立医院私有化转制紧随支付方式改革，如2004年，Asklepios公司购买了Hamburg（Landesbetrieb Krankenhäuser，LBK）联邦州医院集团，包括7个医院，拥有5688张床位；2006年1月，Rhön Klinikum AG并购了Hesse联邦州的Marburg和GieBen大学医院，两个医院床位合计超过2400张，都是大规模收购案例。社会资本进入公立医院领域后，为医院带来了先进的管理经营方式，医院的运行效率得到了有效提升。私立医院的企业环境有助于建立社会目标一致和相互信任的工作环境，使医务人员和团体合作感加强，组织协调更加顺畅有效，从而提高服务质量，帮患者获得更好的体验①。

3. 印度经验：鼓励民营医院发展

印度主要依靠政府举办的医院、初级医疗中心、社区医疗中心及诊疗所为全民特别是贫困人群提供基本医疗卫生服务。但由于印度政府能够投入公立医疗服务的资金有限，加之印度人口众多，公立医疗服务不能完全满足国民医疗卫生需求，于是政府鼓励社会资本在医疗服务领域的投入，其中大部分私立医院都是营利性质的，非营利性机构只占很少一部分，分散在慈善性私立医院或一些私立大型医院的某些部门之中②。

印度政府将社会资本视为对基本医疗需求的有力补充，并通过综合规制措施鼓励私立医疗机构发展。早在1983年的国民健康政策中，印度就将私营医疗机构视为印度医疗体系的重要组成部分，政府期望社会资本能够缓解公立医疗服务压力，并为社会资本进入医疗领域提供便利条件。为提高人们的医疗服务保障水平，印度NGO提供了24个非营利性私立医疗保险计划，为私立医疗机构的运营提供了资金和市场。此外，政府还通过对

---

① Tristan D. Gloede, Antje Hammer, Oliver Ommen, et al. Is social capital as perceived by the medical director associated with coordination among hospital staff? A nationwide survey in German Hospitals. Journal of Interprofessional Care, 2013, 27: 171—176.

② 胡苏云，滕文．印度医疗制度及其对中国的启示［J］．社会科学，2007（11）：83—89.

私立医疗机构提供用地、补贴地租、补贴水电、减免医疗器械设备进口关税等手段，鼓励社会资本建设医院，投资或增持公立医院股份，参与公立医院管理和设备供应，等等。最成功的案例是1983年建立的以公司形式存在的私营医院阿波罗（Apoll），其通过引入先进的医疗设备、优秀的医疗人才提供有别于公立医院的五星级服务；通过地理优势向印度其他地区和国际其他城市扩张来扩大规模；通过涉足连锁药房、医疗保险、连锁诊所、在线医疗、集团采购等业务扩大集团利润。如今已经发展成为拥有54家医院、8717张病床、市值近16亿美元的医疗“航母”。

同时，印度政府也要求私立医疗机构或部门承担为穷人提供部分免费服务和药品、规定其服务项目收费标准等的社会责任，以行使私立医院或部门对国家基本医疗卫生服务的补给功能。在政府的支持和鼓励下，印度私立医院发展迅速，和公立医院的基本医疗卫生服务形成有效互补，在印度医疗卫生服务产业的发展中发挥了十分积极的作用。

4. 以色列经验：利用风险投资优势发展现代医疗产业

以色列的医疗卫生服务主要由卫生部、医疗保险公司和公共机构提供。其中，卫生部提供全国约50%的住院服务和大多数预防服务，以色列全国共有83家公立医院和38家私立医院。以色列医疗服务的最大特点是有先进的医疗技术作为支撑，这得益于风险投资行业对作为高新技术产业的医疗卫生领域的大量社会资本投入。1993年以色列政府设立了专门的医疗行业政府引导基金，引导社会资本注资设立10个风险投资基金，采用合伙人模式组建，由私人投资者运作。2013年以色列医疗支出占GDP的8%，拥有2.67万名医师，每万人拥有37名医师、9名口腔医师和52名护士和助产士。在政府的积极支持和有力规制下，以色列的风险投资行业发展势头良好，风险投资基金对医疗技术领域的投资较为活跃，1998年投入资金约30亿美元，约占当年GDP的3%[①]。大量的风险资金为高科技创

---

① 赵涛. 政府在风险投资中的角色定位［J］. 研究与发展管理，2000，12(3)：9—13.

新公司打开了国际市场，2007 年有 462 家以色列高科技公司融资 17.6 亿美元，其中 20%约 3.51 亿美元投向了生命科学领域①，包括研究开发和成果转化。2004—2013 年，以色列高科技公司完成了 910 起交易，交易额达到 504 亿美元。

作为医疗服务产业发展的重要金融支撑，利用风险投资进行医疗技术研发和成果转化为本国医疗服务产业发展和国民健康改善做出了重要贡献。风险投资在医疗领域的支持促进了以色列医疗科学技术的创新和发展，使其一直处在世界医疗科学技术的发展前沿。根据以色列出口与国际合作协会的统计，目前以色列共有 1250 多家生命科学公司，且每年新增 70—80 家新公司。Yissum 公司的数据显示，生命科学公司的主要经营领域包括医疗器械与设备、生物技术与医药、诊断、医疗信息等，技术成果转化的服务或商品除贡献于本国医疗卫生服务外，还输出至国外，出口市场主要包括北美、欧洲和亚洲等地。

三、社会办医投资主体的特点和投资方式

根据医疗机构是新设还是转制来分，社会资本办医疗机构有两种方式：一是新设民营医疗机构，二是通过兼并重组或融资并购改造原有非民营医疗机构。第一种主要面临投资主体的问题，第二种既面临投资主体的问题，也面临资金来源和融资渠道问题。本部分我们主要关注投资主体问题。

（一）投资主体的种类和特点

目前，市场上的投资主体主要有 5 类，分别是风险投资（私募股权投

① 中华人民共和国商务部．以色列医疗器械产业情况简介［EB/OL］.（2009－09－23）．［2014.10－15］. http：//www.mofcom.gov.cn/aarticle/i/dxfw/gzzd/200909/20090906531187.html.

资）（VC/PE）、上市公司、产业资本、外资医疗集团和国内医疗集团①。不同的投资主体具有不同的特点，应充分发挥不同投资主体的比较优势，积极发展医疗行业。

风险投资是对有发展潜力的非上市公司进行的股权投资。天使投资是风险投资的一种，主要有投资金额小、一次性投入、不参与企业直接管理等特点。私募股权投资具有资金来源广泛、投资期限较长、资金通过非公开方式向少数机构投资者或个人募集、对被投资企业的决策管理具有一定的表决权等特点。风险投资主要投资于企业的前期，私募股权投资主要投资于企业的后期，但是随着二者业务范围的扩大，两者的投资界限也越来越模糊。目前亚洲地区是私募的最热点地区，2002 年中国 VC 的募资金额为 12.7 亿美元，2013 年 VC 和 PE 可投资本达 1700 亿美元，10 年内投资规模增长超过 100 倍②。

上市公司借助于其在某一专业领域的优势，通过共享资源在生产、营销和管理的不同环节开展协作共享业务，以提高企业的盈利能力。上市公司投资主要通过发挥其专业优势的协同效应来进入医疗行业，具有特色鲜明、有针对性投资等特点。例如，2013 年 8 月成立的北大医疗产业集团就是一家集医疗、医药为一身的产业集团。

产业资本在货币资本、生产资本和商品资本循环往复的形式中实现其相应职能的资本，是这三种不同形式资本的统一。产业资本具有资金量大、投资期限长、政府资源雄厚、战略眼光长远等特点。如复星控股的和睦家的母公司就是产业资本投资医疗行业的典型例证，目前复星集团在医药工业研发上的投入超过销售收入的 8%，高于一般的制药公司。

外资医疗集团是依照中国法律在中国境内设立的由中国投资者和外国投资者共同投资或者仅由外国投资者投资的医疗集团。外资医疗集团具有

---

① 波士顿咨询公司．投资中国医疗服务行业［R］. 2013.

② 聂无逸，张元振．关注中国私募股权投资基金［J］. 银行家，2014（1）：90－93.

业务范围广、医疗定位高、医疗秩序规范等特点。上海禾新医院是台湾联新国际医疗集团投资的台资医院，也是大陆第一家台资独资医院，主要面向上海及周边地区、台湾来大陆工作的人士提供医疗服务。

国内医疗集团是国内企业联合投资共同成立的医疗集团。国内医疗集团具有熟悉本国国情、了解政府政策、投资方式多样等特点，与外资医疗集团相比，国内医疗集团的投资市场环境较差，自身的管理手段和服务创新理念还有很大发展空间。中信医疗健康产业集团是中信集团有限公司的全资一级子公司，涵盖了医疗投资、高端养老、健康管理、后勤管理等一系列相关业务。

（二）不同投资主体的投资方式

不同的投资方式各有利弊，选用合适的投资方式和管理手段来充分利用和整合现有资源是确保投资成功的重要条件。

风险投资、私募股权投资可主要投资于私立专科连锁医院，由于其进入门槛低、竞争相对较少、居民需求强烈、容易程序化和标准化，因此可针对医保报销比例低的专业项目如对体检专科、齿科、眼科、康复医疗等专业性机构的投资。可以选择新建或收购私立医院的模式来进入医疗行业，主要区别在于新建投资方式的前期审批周期较长，而收购方式则可以利用现有医院的设备和人才，缩短前期建设周期。不论是新建还是收购模式，前期的投资数额都较大。投资后可以按照现代化的公司治理结构，作为市场经济的一员公平参与竞争。2011 年 VC/PE 投资中国医疗健康产业的案例数为 158 起，投资金额高达 41.37 亿美元，与 2006—2010 年累积投资金额相当①。

2012 年中国私募股权投资市场涉及的 23 个一级行业投资中，生物技术（医疗健康）有 64 个投资案例，位列投资案例数的第二位，成为仅次于

① 清科研究中心．中国医疗健康产业投资趋势展望［R］．2012.

房地产投资案例数的投资行业①。爱尔眼科是中国第一家 IPO 上市的医疗机构，也是中国最大规模的眼科医疗机构之一，目前已在全国范围内兴建了近 30 家专业眼科医院。

上市公司拥有雄厚的资金实力和专业的管理经验，可投资于综合性医院，可将公立医院改革大潮作为投资的突破口。2014 年 3 月 5 日举行的第十二届全国人民代表大会第二次会议中的政府工作报告中，强调将县级公立医院综合改革试点扩大到 1000 个县，覆盖农村 5 亿人口，扩大城市公立医院综合改革试点。因此，公立医院改革或者成立私立综合医院可以成为上市公司的投资目标。例如，金陵药业收购宿迁市人民医院就实现了企业、医院和政府的共赢局面。具体可以采用转制收购或托管的方式来实现投资，前期投资一般在上市公司可承受的范围之内，缺点是产权不明晰，导致投资者对医院的控制力不强。

产业资本由于具有资金量大、投资期限长等特点，可以投资具有高质量需求的高端医疗产业。因为随着人们收入水平的提高和保健意识的增强，居民对高层次的医疗服务需求逐渐增强，加上传统医疗机构对差异化医疗服务特别是高端医疗服务供给的不足，给产业资本进入高端医疗产业带来了发展机遇。例如，复星控股的和睦家以提供国际标准的医疗健康服务为宗旨，已经在北京成功开设了 6 家卫星诊所，并逐步拓展其在各大城市的业务范围。

外资和国内医疗集团既可投资综合性的医院，也可投资专科医院。随着我国老龄人口的增多，老龄化趋势逐渐增强，2013 年国民经济和社会发展统计公报显示，截至 2013 年年末，我国 60 岁以上老年人口占比为 14.9%，65 岁以上老年人口比例达到 9.7%，老年护理和养老中心逐渐成为专业性医疗需求的重要内容之一。加上这些行业的准入门槛不高，公立医疗机构在养老服务提供方面的欠缺，而医疗集团具有资金和规模优势，

---

① 王文挺，谢群．我国私募股权投资市场的发展现状及问题分析［J］．现代商业，2013（13）：63—64.

可以提供更专业、全面、针对性的优质服务。例如，同仁医疗产业集团就是北京同仁医院与中国华力集团合资在南京和昆明成立的医疗集团，其下开设了一系列的专科和医院项目，在当地形成了品牌效应。

四、社会办医的融资类型和特点

融资问题既是现有医疗机构在发展壮大过程中面临的问题，也是新设民营医疗机构需要重点解决的问题。尤其是对于兼并重组、引入战略投资者、上市等导致原有医疗机构变为民营的行为，大多本身就包含了直接融资、夹层融资等行为。因此，本节和下一节重点分析社会办医的融资主体、融资需求和不同融资渠道。

（一）医疗机构的融资需求类型

设备需求型。指医院在建设和发展过程中对于新项目、新技术和大型医疗设备的客观需求。在医院发展的初期，受资金、资质、发展阶段和技术水平的限制，仅仅配置了基本的医疗设备与专科设置，随着医院规模的扩大和诊疗人次数的提高，医院需要引进更先进的技术和设备以提高自身的核心竞争力，医院规模越大，对医疗设备的需求越强烈。眼科、口腔科、骨科等精细化诊疗对高精尖的医疗设备需求强烈，是典型的设备需求型。

医院扩建型。指医院发展到一定规模之后，现有的就诊区域不能满足目前的诊疗人次和业务量，需要进行扩建，以满足日益增长的就医需求。医院扩建需求度与医院自身规模呈正向相关关系，年营业收入越高，医院扩建需求越强烈，对扩建资金的需求量更大。

医院新建型。即受国家政策利好和市场竞争的影响，已有一定规模的医院为寻求自身更好的发展，对新建医院具有强烈兴趣。新建医院是所有融资需求类型中对资金需求最大的，因为不仅要对基础设备和人员投入，还需要对土地、院区建设、资质等其他方面进行投入。医院新建型对医院的资质和规模、医院信誉和口碑、医院发展前景等方面要求很高，与医院现有规模具有高度相关性。同时，新建医院的办医方向通常是发展潜力较好，并与医院现有发展模式和规划具有一定相似性。

（二）当前我国医疗机构投融资的特点

随着国家支持政策的接连出台，加上医疗机构在建设过程中面临的资金、人才、土地、管理等方面的瓶颈，医院竞争力亟须通过引入社会资本来提高。在国家政策推力和自身发展拉力的双重作用下，投资医疗机构已经成为医疗行业的热门话题，医疗机构也形成了适合自身发展的投融资体系。

多元化的投融资主体。目前，针对医疗行业的投资者种类繁多，各具特色和优势，可选择性强，如VC/PE、产业集团、外资医疗集团、国内医疗集团等都是炙手可热的医院投资主体。在产业发展多元化和融合化的当今社会，不同行业之间的互联互通和融合发展已经成为国际趋势，VC/PE在财务分析方面的优势可以助力医院建立良好的财务分析，同时其投资期限短和高回报率的特点也决定了其投资标的的选择；以复星医药、华润医疗和中信集团为代表的产业集团追求医院长期发展的目标，以公立医院改制或者营利性民营医院为投资标的，力争实现从资金投入、政府合作到医院管理的产业链式发展，实现了高端医疗和基础医疗领域的成功投资实践。

多选择的投融资偏好。不同投资主体的投资偏好和特点不同，不同医疗机构也具有不同的发展理念和目标。因此，应结合自身特点选择投资主体和投资标的。如有的投资主体偏好于长期的投资，具有高风险承受能力，因此在选择医疗机构时应在充分调研和分析的基础上选择具有相同发展理念的医疗机构。同样，医疗机构也应该根据医院发展周期和发展目标来选择投资主体。

广覆盖的投融资能力。医疗机构选择投资者主要考虑的因素不仅包括资金，而且考虑投资者在人才、土地、管理经验、政府关系等方面的资源。如安琪儿在B轮融资中选择红杉资本，正是看中了其在互联网和连锁经营行业的投资优势，能够为安琪儿的人才培养和移动互联网系统带来新的理念和创新。

多层次的投融资对象。医院按类型分为公立医院、专科医院、综合医院和门诊等；按医院等级分为一级医院、二级医院和三级医院；按受众群体分为高端医疗和平价医疗；按诊疗类型分为口腔科、妇科、产科、骨科、康复科、眼科、儿科、肿瘤科和体检等。投资者通过对医疗市场的充分调研和分析，确定拟投资的医疗机构级别和类型，在市场极大细分的当今社会，越有针对性的投资，越有竞争力和发展潜力。

多渠道的投融资模式。根据投融资渠道的不同，可分为直接融资、间接融资和中间融资。股权融资、发行债券、融资租赁、私募融资是典型且普遍运用的直接融资模式；国内银行贷款、外国政府贷款、国际机构贷款是通用的间接融资模式；PPP 公私合作模式、BOT 建设—经营—移交模式、IOT 投资—运营—移交模式、资产证券化、夹层融资方式等是中间融资模式。不同的融资模式各具特色，是医疗机构进行融资的主要构成要素之一。

（三）影响医疗机构融资的因素

影响医疗机构融资的因素包括：自身资金实力、医院控制权、融资成本、人力资源、土地、管理能力、独特的办医特色、医保定点、税收优惠。

自身资金实力。医院尤其是民营医院的自有资金大多来源于医院的利润收入，但是仅仅依靠自身利润不足以满足医院扩建的资金需求。医院根据自己的规模和发展方向选择不同的融资模式。对于规模较小、自身资金实力较弱的小型医疗机构，银行贷款和自筹资金是其主要的融资渠道。对于规模较大的大型医院或医疗集团而言，银行贷款不能满足其资金缺口，且银行贷款的利息较高，银行还贷压力较大，股权融资或者债券融资是此类医院更适合的融资渠道。

医院控制权。在民营医院的发展过程中，实际控制权是影响医院融资渠道选择的主要因素之一。经过多年的发展，各类型的医院都形成了具有自身特色的管理模式、运行机制、人才培养体制、与政府部门的沟通方式等，对于需要牺牲部分医院控制权来换取资金的融资模式面临很大的挑战。

融资成本。融资成本是医院发展扩建过程中必须考虑的重要因素，由于受到医院属性、国家政策、自身实力、融资成本和医院发展阶段等方面的影响，具有不同发展需求的医院会采用不同的融资途径，所产生的融资成本也不同。设备需求型的医疗机构，由于对资金的需求量相对较小，资金缺口可通过医院自身经营利润来弥补，因此大多采取银行贷款的途径来获得资金。医院扩建型医疗机构的融资需求较设备需求型要大，仅仅依靠银行贷款不能满足其资金需求，因此债券融资和适当的股权融资成为此类医疗机构满足资金缺口的主要融资途径。医院新建型的资金需求量明显大于设备需求型和医院扩建型，所适用的融资渠道也具有明显特征，随着医疗机构的逐步放开，股权融资逐渐涉足医疗服务领域，已经成为医疗领域较普遍的融资模式之一。

人力资源。人力资本是决定医疗机构发展水平和前景的关键要素。由于医疗资源的不平衡性，公立医疗机构传统的人事管理制度限制了人才的自由流动，同时高精尖人才为了谋求更好的职业发展道路和更广阔的职业发展空间更倾向于在公立医疗机构就职。另外，民营医疗机构正处于发展初期，各项配套制度尤其是人才培养机制不健全，对优秀人才的吸引力不足。因此，人才是当今医疗机构尤其是民营医疗机构最匮乏的资源。社会资本的引进，不仅能为民营医疗机构带来大量的资金，还能带来优秀的人才资源。医院在选择投资者和融资方式时，管理和技能人才的引入成为主要考虑的因素之一。

土地。民营医院在扩张过程中，尤其是医院扩建型和医院新建型的融资类型，对土地的需求强烈，因此，具有政府资源、能够帮助医疗机构获得土地使用权的投资者在投资中具有较强的竞争力。近几年，万科、恒大、绿城等房地产企业纷纷涉足医疗行业，2013 年 12 月 2 日，哈佛大学与恒大集团共同对外宣布双方将在中国共同成立哈佛医院，并已就此达成实质性合作成果。绿城地产 2012 年开始投资养老服务业，并计划在杭州周边建设十个养老地产项目，力争在未来10年打造100家养老院。这不仅为房企本身带来了利润和扩展了业务范围，也为医疗机构带来了较高的附加值。

管理能力。医疗机构在管理方面通常不具有优势，能够为医院带来高标准且规范的医院管理经验、提升服务水平和优化成本管理的投资者能够极大吸引医院融资方。例如，中国医疗控股有限公司凭借其在美国医院集团多年的管理经验，参与了慈溪市第二人民医院改制和慈林医院的建设工程，并结合中国实际设计开发了预约、分诊和就医信息系统，极大地提高了医院的运行效率。

独特的办医特色。非公立医疗机构明晰的产权和法人治理结构、敏锐的市场洞察力、鲜明的医疗特色、合理的资本运营方式和高效的服务模式为医疗机构的融资选择提供了前提和基础。

医保定点。由于国家对于医保定点医院的要求较高，医保定点医院不仅可以为民营医疗机构带来业务量和官方认可，还能扩大知名度，因此医疗机构是不是医保定点医疗机构也是影响其融资渠道和融资模式的因素之一。

税收优惠。2010年《关于进一步鼓励和引导社会资本举办医疗机构的意见》指出了社会资本举办的非营利性医疗机构在税收方面的优惠政策。同时，营利性医疗机构按国家规定缴纳企业所得税，免征营业税。民营医疗机构希望在扩张过程中获得更多的税收优惠。

五、社会办医的融资渠道和特点

融资分为内源融资和外源融资。内源融资指组织创办过程中通过保留盈余、定额负债形成资金来源和计提折旧而形成现金来源的融资活动①。外源融资指通过银行贷款、发行股票、企业债券等方式向组织以

① 郭秀丽．企业内源融资问题初探［J］．上海会计，2002（12）：37—38．

外的其他经济主体筹集资金①。本部分主要针对外源融资进行分析。根据融资行为是否经过金融中介机构（主要指银行）以及中介机构的参与程度，外源融资又分为间接融资、直接融资和中间融资。间接融资指融资者与资金供给者通过银行业金融机构等金融中介进行资金融通的行为。资金供求双方互不相识、互不联系，不直接形成债权债务关系，而是分别与金融中介机构签订借贷合同。直接融资指融资者与资金供给者之间通过某种融资产品直接形成债权债务关系的行为。中间融资是指融资者与资金供给者通过中介机构和融资产品形成债权债务关系，中介机构提供信息服务（见图5—5）。

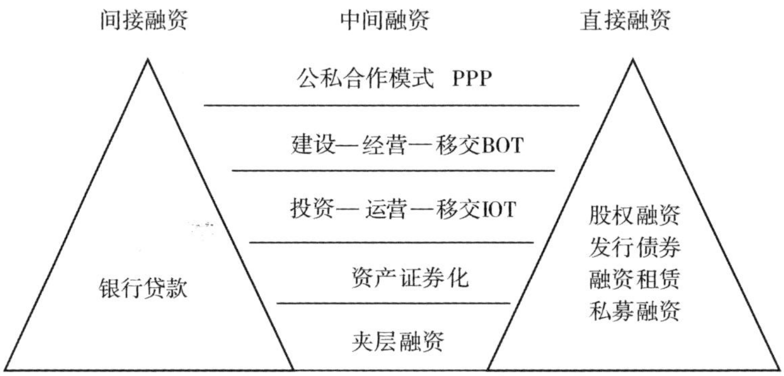

图5—5 社会办医可采用的不同融资渠道

（一）社会办医的直接融资渠道和特点

1. 直接融资渠道的种类

随着金融体制改革的深入，当前我国直接融资的渠道不断拓宽，方式不断增加，直接融资占社会融资规模的比重也逐渐加大。据官方统计，2006—2011年间，我国直接融资的比重年均为11%，而且有逐年上升的趋势，2014年1—10月该比重为17.9%。按照宽口径统计，直接融资额度已

① 冯日欣，李宁．关于企业融资方式的比较分析［J］．山东财政学院学报，2001（6）：34—37．

占全部金融资产总额的 43%。适用于民营医院的直接融资方式主要是股权融资、发行债券、融资租赁、私募融资四种。

股权融资指医院的股东通过出让部分所有权，通过上市融资或者增资扩股的方式引进股东，允许社会资本通过入股的方式参与到医院发展中，医院通过股权融资获得的资金不需要还本付息，但是新入股的股东能够分享医院的盈利并承担亏损。凤凰医疗集团是中国最大的民营医院集团，集团的成员医疗机构均坐落于北京，涵盖大型综合医院和社区医疗机构，其中有以控股投资拥有的北京市健宫医院和以 IOT 模式（投资—运营—移交）管理的北京燕化医院、北京市门头沟区医院、北京京煤集团总医院以及北京市门头沟区中医医院。2013 年 11 月 29 日凤凰医疗集团在香港上市，标志着国内首支“医院股”上市成功。

发行债券的融资方式是指医院通过向社会发行债券来募集资金，医院定期向专业机构支付债券利息。这种方式的优点是医院筹集资金的周期较短，便利性较高，且债券资金金额大、期限长、资金成本较银行贷款具有明显优势，与医疗领域长期、大额、可支付收益相对较低的资金需求特点较为匹配。但是医院也存在经营不善导致不能还本付息的风险。我国目前债券市场发展迅速，针对企业发行的公司信用类债券（对应国债和金融债券）按主管部门分为三个部分：国家发展改革委主管审批的企业债券（2013 年年底约为 2.34 万亿元，占 27%），通过银行间市场交易商协会注册发行的非金融企业债务融资工具（2013 年年底为 8.56 万亿元，占 61%），通过证监会主管的上海股票交易所发行的公司债券（2013 年年底为 1.06 万亿元，约占 12%）。近年来，已有大型企业通过发行债券为其下属医疗集团融资。如北大方正集团作为信息科技领域的大企业，借助院校合并的机会并入了北大医疗产业集团，依托北京大学医学部，通过自建、并购和托管等方式形成医院网络，主要从事医药医疗产业投资管理，该集团控股的北京大学国际医院是国内社会资本投资民营医院的典型之一。2005 年以来，北大方正集团在债券市场累计发行短期融资券和中期票据等各类非金融企业债务融资工具 23 期，规模达 380 亿元[①]，其中约 20 亿元用于北大医疗集团的产业发展。

融资租赁是医疗产业市场普遍采用的融资方式，即投资公司通过与医院协商从供应商处购买设备，再按照约定将设备租给医院并收取租金，租赁期满后医院收回设备所有权的方式。这种融资方式可以使医院最大限度地节约成本以满足自身发展需求，但医院要承担设备运营成本和租金风险。近几年，在这种融资租赁模式的基础上又发展出了回租、杠杆租赁等方式，更有利于医院节约成本和盘活资金。

私募融资是指不采用公开方式，而是私下与投资人协商并以招标等多种方式筹集资金的行为，分为私募股权融资和私募债务融资。私募融资由私募资金需求者、私募资金供给者和私募市场中介机构构成。在民营医院融资行为中，私募资金需求者是由于自身发展而产生资金需求的各类民营医疗机构，私募资金的供给者是希望通过私募资金的供给获得回报的个人、工商企业和金融机构，投资银行、信托公司和各类金融机构是私募市场的中介机构。私募融资的工具包括私募股票、私募债券和私募贷款，具有筹资便利和节约成本等优势。

2. 不同直接融资渠道的特点

不同的投资主体具有不同的特点，应充分发挥不同投资主体的比较优势，积极参与医疗行业。

股权融资具有持久性、股权稀释性和低风险等特征。持久性指通过股权方式获得的资金不需归还。股权稀释性指股权融资是以出让对公司的股份为代价融资，对于企业所有者来说，意味着对公司的控制力削弱，甚至有可能易主。低风险指对股利的支付比例没有明确规定，需要根据公司经营情况来确定股利支付行为和支付比例，因此不需要有偿还的压力。股权融资具有区别于其他融资方式的特点，第一，公司法人治理结构是股权融

---

① 余洋，曾喆．医疗产业融资渠道分析与实践［J］．金融市场研究，2014（7）：71－76.

资的基本要素。董事会、股东、监事会以及高级经理之间的权力制衡和风险约束机制降低了企业经营风险。第二，在信息公开性和价格竞争力方面具有优势。具有市场准入、信息公开、公平交易和规范监督制度下的公开市场活动是股权融资的优势化交易场所。第三，大大降低高风险投资和道德风险产生的可能性。

发行债券指发行人依照规定程序向投资人要约发行代表一定债权和兑付条件债券的法律行为，以达到借贷资金的目的。债券发行者需要同时考虑发行额、面值、期限、还款方式、利率、发行价格等因素，其中，债券的票面利率、偿还期限和发行价格是发行者主要考虑的因素，决定了债券的投资价值。按照债券的发行方式分为平价发行、溢价发行、折价发行、私募发行和公募发行。债券的种类分为企业债券、公司债券和可转换债券。发行债券的优点是还款期限较长、附加限制少、资金成本低，缺点是手续复杂、对企业要求严格、发行风险大。

融资租赁是现代社会实物信用与银行电子信用相结合的新型金融服务模式，在加快商品流通、促进技术更新、缓解企业融资困难和提高资源配置效率等方面有重要作用。融资租赁具有融资方式灵活、融资期限长、还款方式灵活、还款压力小等特点，主要适用于中小企业。融资租赁可分为直接融资租赁、出售回租、经营性租赁、转租赁、委托租赁等类型，同时存在市场风险、贸易风险和技术风险等。在卫生领域主要应用于医院行业。

我国的风险投资基金和私募股权基金增长迅速。VC/PE 投资以财务投资为主，投资期限较短，追求高投资回报，对于投资门槛高的公立医院和民营综合医院不具有优势，因为公立医院和民营综合医院投资门槛高，投资周期长，医院的产权和人事制度复杂，对土地、管理和人才的要求高，并且退出机制不健全，因此 VC/PE 投资而在专科医院的连锁性扩张和提供差别化市场服务方面则具有独特优势。

3. 医疗机构直接融资渠道分析

从医疗机构角度来说，医疗机构可以根据自身条件、对所需资金的使用期限、对利息的偿付能力、公司治理和控制的要求等不同，可以选择不同的融资方式。对于社会资本来说，如果要投资医疗行业，也需要根据自己的管理能力、资金特点、对回报率的要求、风险和收益的偏好等选择合适的对象。

近几年，私募股权投专科医疗领域的案例数很多，如2011年，医疗领域界有158个案例是由VC/PE投资的，总投资金额达到41.37亿美元，相当于2006年至2010年累积投资资金之和①。2012年，私募股权投资生物技术/医疗健康领域投资案例为64起，在23个行业中仅次于房地产行业位居第二位②。2013年10月9日，上海复星医药集团股份有限公司的全资子公司上海医城医院投资管理有限公司注资6.93亿元以私募形式投资佛山市禅城区中心医院有限公司，并获取了60%的股权。

与医疗行业产业链相关的上市公司是医疗行业投融资的重要力量。可以依托从股市获得的雄厚资金实力，通过定向募集、定向增发等方式，实现对产业链上下游相关医疗机构的兼并重组，从而成为社会办医的突破口。在公立医院改革的过程中，很多中小公立医院由于客户资源少、管理混乱、财务亏损等原因，成为地方政府和行业管理部门手中的烫手山芋，而上市公司可以借助专业的管理手段、雄厚的资金实力，实现对中小公立医院的改造，从而实现企业、医院、社会公众和政府多方共赢的局面。2003年金陵药业集团对宿迁市人民医院的成功收购是这方面的典型案例。

引入战略投资者融资方式可以避免股权融资产生的管理分歧，又能减少民间借贷等融资方式的高风险性，因此，此种方式能够为医院带来诸如土地、人才、资金、新投资模式的同时，又能够确保医院的管理权和话语权，能够为医院带来更长远持久的发展。

“新三板”指针对中小微型企业的全国性非上市股份有限公司股权交

---

① 清科研究中心．中国医疗健康产业投资趋势展望［R］．2012.

② 王文挺，谢群．我国私募股权投资市场的发展现状及问题分析［J］．现代商业，2013（13）：63—64.

易平台。通过“新三板”，医疗机构的融资渠道得到扩展，不再局限于银行贷款和政府补助，股权投资等将可以通过“新三板”而主动投资，可以提高机构的治理水平，降低投融资风险，提高股权流动性，实现资产增值，完善公司资本结构，提高知名度。

（二）社会办医的间接融资渠道和特点

1. 间接融资渠道的种类

间接融资包括银行、典当、投资公司、小额担保公司、资金互助社、民间借贷等多种形式。在我国以银行业金融机构为主导的金融体系下，银行贷款既是间接融资的主体，也是社会融资的主要方式。按承贷主体所属地域和机构不同，贷款可以分为国内银行贷款、外国政府贷款和国际机构贷款三类。

随着我国金融体制改革的推进，目前国内银行业金融机构提供的银行贷款非常全面，可以面向国内的各类医疗机构。贷款品种丰富，贷款期限分短期或中长期。根据医院贷款主体信用等级的不同，贷款规模和利率差别较大，按贷款是否有财政支持分为政策性贷款和商业性贷款。政策性贷款由政府配发，包括国家重大战略设施、“三农”等薄弱领域。商业性贷款利率高，面向各类融资主体，按是否需要抵押品分为信用贷款、保证贷款和抵押贷款；按贷款期限分为短期贷款（1 年以内）、中期（1—5 年）、中长期（5 年以上）贷款；按用途分为流动贷款、项目贷款和固定资产贷款。

外国政府贷款是指一国政府（一般为发达国家政府，如美国、日本）向另一国（一般为发展中国家或落后国家，如非洲、南亚大部分国家）政府或组织机构提供的，具有开发援助性质的优惠贷款。具体可分为四种类别：第一，政府财政性贷款。这种贷款的利率低，还款期限长，贷款资金主要是该国政府专项划拨，由专营机构协助经营管理，主要投资于基础设施建设领域。第二，混合型贷款。是指商业贷款与政府贷款相结合，政府部门会借助具有较强实力的财团或金融资本，共同成立援助基金或开发基金，为获得别国市场或政治影响力而推出的优惠贷款项目，该类别的利率和还款期限介于政府财政性贷款与商业性贷款之间。第三，赠款与出口信贷的结合。在某些国家，赠款往往占据贷款总额的很大比例。或者落后国家出现政局动荡，贷款的借出方为表示政治支持，主动变贷款为赠予，豁免贷款。第四，政府财政性贷款与出口信贷的结合。这种方式是各国普遍采用的贷款方式，贷款一般以外币或者设备形式支付。

国际机构贷款是指由一些国家的政府共同投资组建并共同管理的国际金融机构向贷款国的政府、银行和企业提供资金的国际间的资金借贷行为，旨在帮助成员国开发资源、发展经济和平衡国际收支，主要包括 IMF 贷款、WORLD BANK 贷款、International Financial Corporation 贷款、Asian Development BANK 贷款等。

2. 不同间接融资渠道的特点

随着我国金融体制改革的不断深入推进，目前我国已经形成了以银行业为主导的多层次金融组织体系。在银行业中，又形成了政策性银行、商业银行和农村信用社等有机结合的银行业金融机构组织体系。其中，商业性银行还包括工、农、中、建、交五大国有商业银行，以及 12 家股份制商业银行，再加上几百家城市商业银行、1000 多家农村商业银行和农村合作银行、1000 多家农村信用社。我国初步建成了具有独立性、稳健经营、遵守国际准则的商业银行体系。在贷款品种方面，也能根据市场需求，提供期限不同、额度不等、抵押担保方式各异、利率浮动的各类贷款。当然，目前部分国内银行贷款仍存在审批程序复杂、贷款期限短、贷款利率高、贷款数额大的特点，主要用于大型医疗设备的更新和不动产的基础设施建设，但随着法律法规的逐步完善，尤其是社会办医相关法律、财税、配套政策的逐步到位，国内银行贷款将更好地满足包括医院尤其是民营医院在内的各类贷款主体的需求。

外国政府贷款一般综合考虑贷款国的实际需求、偿还能力、经济发展表现、项目的可行性等多方面因素，确定贷款投向范围和项目。对于经济较发达国家，贷款一般倾向于能源、交通、通信、农业、原材料等工业项目。外国政府贷款具有如下特点：第一，偿还性。除国家主管部门确认由国家统借统还的项目外，其余均由借款方主动偿还。第二，优惠力度高。外国政府贷款兼具赠予行为，贷款利率低，贷款偿还期限长，赠予比例高。第三，贷款额度小。由于政府贷款资金主要来自贷款国的财政预算，通常受到该国国民生产总值、本国财政收支和国际收支状况的影响。第四，贷款限制条件多。贷款国通常规定按照贷款总额的一定比例购买贷款国的设备和先进技术，并且在贷款币种和贷款方式上有明确要求。第五，明确贷款用途。外国政府贷款常要求资金用于基础设施、社会发展和环境保护等领域。第六，贷款程序复杂。由于牵涉政府部门，因此政府贷款具有一定的法定程序，需要签订相关的协议，在达成共识的情况下实现贷款。

国际机构贷款具有如下特点：第一，期限长。主要帮助欠发达国家在项目开发、基础设施建设、扶贫项目等方面的长期贷款，最长期限可达50年。第二，利率较低。第三，审查严格。主要审查项目可行性和还款能力等条件，从项目申请至获得贷款需要较长时间。第四，手续繁多。需要按照不同类型国际机构的要求来准备贷款所需材料。

3. 医疗机构间接融资渠道

医疗机构根据自身医疗服务和资金需求的实际，对未来发展所需资金进行合理的评估和科学的论证，利用国内银行、外国政府、国际机构来筹集资金，以保障医院运营和发展所需的资金。

国内银行贷款是医疗机构首要考虑的融资渠道，医院通过向金融机构贷款来弥补发展资金的不足，主要用于医院大型医疗设备的更新和基础设施建设等的大额贷款，贷款期限根据医院性质和发展阶段的不同而不同。目前，医院的贷款模式和渠道有以下几种：第一，以医院固定资产作为抵押物。公立医院受到属性的限制，此种贷款模式有很大弊端。第二，以医疗服务的收费权或资产经营权作为抵押。不动产的租赁收入、培训收入等非医疗服务所得可以进行抵押贷款，病床收费权、医疗设备使用权等非医疗技术服务类所得也可进行抵押贷款。第三，以药品或器械经销商作为信誉保证进行抵押。如药品经销商、医疗器械经销商等都可用来作为信誉担保。第四，以医院的商业信誉作为抵押。医院自身信誉在评估基础上可以用来作为担保贷款。

国内银行贷款虽然具有很多优势，但同时也存在一些问题，如大多数贷款期限较短，医院还款压力大，贷款途径便捷可能导致医院贷款具有随意性，贷款不能如期如额偿还时，医院资产面临抵债的风险，银行对申请贷款的医院级别有限制。随着近年来医院扩张行为的大量出现，医院在偿债压力下将经营成本转嫁给了患者，最终导致看病贵问题的加剧。

外国政府（国际机构）贷款的利率低、贷款额度大、还款期长，一般具有扶助性质，可以享受国家特殊税收优惠，医院在进行大规模改造和购置大型设备时可以考虑此种贷款模式。但外国政府贷款手续较多、门槛较高，需要政府出面担保，因此主要针对有一定规模的大型医院。

民间借贷是指公民与公民之间、公民与法人之间以及公民与其他组织之间的借贷。与银行贷款相比，民间借贷具有手段灵活、手续简便、资金获取条件低、资金使用率高等特点。民间借贷尤其适用于中小型的民营医院，这类医院难以从银行取得贷款，加上难以获得政府财政支持，因此，更倾向于采用民间借贷的方式融资。

（三）社会办医的中间融资渠道和特点

1. 中间融资渠道的种类

除传统的直接融资和间接融资外，社会投融资主体也根据融资需求主体的不同组织形式和差别化的资金需求，创新推出新的投融资方式。如PPP、BOT、IOT、资产证券化、夹层融资等，我们统称为中间融资。

PPP（Public－Private－Partnership）公私合作模式形成于20世纪90年代末，英国是开展PPP模式较早的国家，是指私营企业与政府进行合作，参与公共基础设施的建设，合作各方在签订协议的基础上明确各方在项目实施过程中的权利和义务，共同设计开发、全程参与、承担责任和融资风险，达到最大限度地发挥各方优势，更有效地提供公共产品和服务，达成更优化合作结果的目的。针对医院领域的PPP融资模式又分为PFI（Private Finance Initiative）私人主动投资和LIFT（Local Improvement

Finance Trust）基层金融信托。英国作为公私合营模式方面的优先国家，其新建医院目前大量运用 PFI 模式融资。

我国医疗领域 PPP 试水的典型案例是由北京大学和方正集团共同投资 45 亿元兴建的北大医疗产业集团，这是迄今中国最大和最具代表性的社会资本投资非营利性医院的典型案例。北大国际医院由北京大学与方正集团共同所有，采取混合所有制经营是医药卫生领域公私合作模式的先行者，是中国医改在投资体制模式上的创新，是探索医院融资新模式的试验田。

建设—经营—移交模式（BOT，Build—Operate—Transfer）是指政府与私人投资者签订特许经营协议，允许项目投资者（一般为该领域较有实力的企业）建设该项目，并在事先约定的期限内通过经营回收投资，经营到期后再将经营权移交政府的投资方式。项目投资者出资建造和经营维护，投资由经营获取的合理回报补偿，政府拥有监督权和调控权，协议期满后政府无偿或有偿收回该项目的融资①。BOT 还包括 BOO、TOT、ROT、BOOT 等多种融资模式。BOT 融资模式能够最大限度地利用私人部门的资金和资源缓解资源短缺问题并参与医疗服务机构的建设和发展，如昆明市利用 BOT 模式建成医疗废物集中处置中心，苏州大学医学院门诊通过 BOT 方式转变为同安门诊等成功案例都充分证明了创新融资模式对于盘活医疗资源具有明显优势②。

IOT（Investment—Operation—Transfer）即“投资—运营—移交”模式指通过签订特许权协议，收购或注资现有的基础设施，协议期满后移交给公共部门的融资模式③。2010 年，门头沟区医院同凤凰医疗集团签订协议，由凤凰医疗注资 7500 万元，双方进行合作共建，实现了在不改变医

---

① 李雅琼．新医改背景下的公立医院融资渠道的拓展［D］．杭州：浙江工商大学，2012.

② 詹国彬．公立医院民营化改革：模式、成效与风险［M］．北京：法律出版社，2014：107—114.

③ 戴大双，宋金波．BOT 项目特许决策管理［M］．北京：电子工业出版社，2010：11—17.

院公益属性的前提下构建以法人治理为核心的现代医院管理制度，推动了体制机制转变，提高了医院的服务能力，实现了共赢式发展①。

随着金融机构和产品创新的推进，资产证券化也成为直接融资的新方式，医院可以将有价值的自有资产打包，在产权交易市场以合理的方式进行融资。资产证券化是通过对特定资产（如房产、厂房、库存等实物资产或贷款、应收账款、收费权、股票、知识产权等无形资产）的打包认定，赋予新的风险权重和投资回报率，在资本市场上发行可交易证券，吸引投资者进行投资的行为。通过资产证券化可以实现对原有存量资产的盘活，较快地融通资金。例如，金陵药业以7013万元对宿迁市人民医院的收购是全国医院资产证券化的典型案例，基于此成功经验，金陵药业又成功收购了南京医科大学第三附属医院。医院资产证券化有利于优化上市公司产业结构，提升医院市场活力，是民营医院进行中间融资的重要手段。

夹层融资（Mezzanine Financing）是中间融资的一种特殊形式，是指资金通过企业夹层资本的形式融通的过程，是介于直接融资和间接融资中间的一种资金融通方式，也是介于债权债务和股权之间的融资形式。夹层资金既没有银行贷款那样的硬性还款规定等强制性约束，又不用像股权融资一样需要永久性出让公司的股权。对于投资者来说，能够确保有高于银行贷款的投资回报，如利息或本金的分期还款。对医院等融资方而言，夹层融资成本还款方式比较灵活，可以按照融资者的独特需求设计具体条款，且所融资金还可以补充企业的实有资本，从而降低其债务杠杆率，改善其信用评级，从而在确保资金需求得到满足的同时，经营得到持续，符合混合所有制改革的方向。目前国内医疗机构尚没有通过夹层融资的方式获得融资的案例，但可以预料，随着医疗体制改革的推进，尤其是公立医院混合所有制改革的推进，夹层融资也将成为民营医院融资的一个重要渠道。

2. 不同中间融资渠道的特点

PPP公私合作模式具有三大特点，第一，利益集团的目标一致性。政

---

① 赵宁，范晶．公私合作制下公立医院改革IOT模式引论［J］. 中华医院管理杂志，2014，30（6）：419—421.

府负责购买商品和运营监督，企业负责项目实施，二者虽然分工不同，但目标是一致的，都是追求以最少的资源消耗实现产品服务供给的最大化。政府实现了公共福利的目的，而企业实现了自身利益。第二，利益共享机制的建立。即企业通过项目参与实现长期稳定的投资回报，政府对企业的行为进行监督，避免企业盲目追求高额利润带来的风险。第三，风险共担机制。PPP 伙伴关系的形成需要顺畅的利益分享机制和风险共担机制，并且注重整个项目风险的最小化。

PPP 模式的收费路径有三类，第一类是用户付费型。即项目公司通过向最终使用者提供服务，使用者向项目公司付费，如供水、燃气等公共项目。第二类是政府付费型。即项目公司向最终使用者提供服务，政府部门付费给项目公司。如市政道路建设项目和环境治理项目。第三类是用户付费与政府付费结合型。项目公司提供服务给最终使用者，最终使用者付费给项目公司，同时政府部门也对项目公司进行补贴。如垃圾处理项目和污水处理项目。与 BOT 相比，PPP 模式中各参与方对项目的参与性更高，企业在项目前期的投标、立项阶段参与较多，政府在项目中后期的运营和管理阶段参与较多，信息不对称问题将得到一定程度的缓解。

PFI 是公私合作模式的一种，在 PFI 模式中政府将一次性的基础设施建设支出转变为长期的分期支付，并将建设风险转嫁给了投资者，从服务的提供者变成了采购者。主要特点是：第一，项目主体为本国民营企业，政府不参与项目公司的实施，但作为服务采购方，购买项目最终的公共服务；第二，政府不出让项目的所有权，而让渡给企业项目的经营权，政府对企业行为具有监督义务；第三，项目到期后，企业可以继续续租来拥有经营权；第四，可以减轻政府负担，分散项目风险，提高公共服务效率。

BOT 的主要特点是有限追索权，即在以项目信用为基础的融资模式中，银行根据项目资产或项目收入来收回本金和利息。银行收回本金和利息的多少完全依赖于项目运作效果，当项目失败时，银行面临无法收回成本的风险。另外，该模式可以充分利用私人投资，缓解政府财政负担，降低政府投资风险，提高项目运作效益，最大限度满足公众需求，有利于健全法制建设，提高就业率。

BOT 模式与 PPP 模式相比，各有优缺点和异同点。两种模式都包括项目融资人、出资人和担保人，都是通过签订特许协议来实现项目建设和管理，并且都是以项目运营收入来偿还债务。不同点是两种模式中企业参与的阶段不同，BOT 模式中，企业从项目招标阶段参与项目，而 PPP 模式中企业从项目论证阶段就参与项目。PPP 模式各参与方之间的沟通协调更顺畅，避免了 BOT 模式中项目前期周期过长和企业风险增大等问题。

IOT 模式根据固定资产投资的偿还性可分为不可偿还性投资和可偿还性投资两种模式。不可偿还性投资主要针对固定资产投资，类似于股权投资，如凤凰医疗对燕化医院的投资；可偿还性投资需要被投资方根据协议约定按期偿还投资款，如凤凰医疗对门头沟区医院和燕化医院集团的部分项目投资。

资产证券化是以待建项目的资产为基础，项目未来的确定收益为保障，利用资本市场的信用等级、债券安全性和流动性高的特点在资本市场发行债券筹建资金，以提供项目信用等级。

夹层融资的风险较低，还款期限较长，并且投资方可从股本收益获得收入；流动性较好，定期的票息或利息收入可作为夹层投资的回报，比股权投资的流动性更强；退出途径多，还款方式更灵活、多样和明确；成本低于股权融资；在公司控制和财务方面限制较少。

3. 医疗机构中间融资渠道

医疗机构运营 PFI 融资模式时通常需要以下六个阶段：第一，项目规划阶段。政府部门对项目的可行性进行规划分析，起草可行性报告，包括项目的成本、运营费用、资金支付方式、预计收益等。第二，招投标阶段。政府公布招标需求，竞标企业对项目进行设计、评估，并与金融机构达成合作意向，企业与政府签订项目协议，明确双方的权利和义务，以及项目建设标准、方式和期限等。第三，融资阶段。企业竞标成功后，与金融贷款机构签订融资合同，企业与其合作的金融机构、保险公司、政府、施工公司和维护公司等各方利益集团都签订合同。第四，建设阶段。竞标成功的企业建立专门的项目公司 SPV，在此阶段，项目公司按照计划组织实施、进行项目验收和试运营。第五，项日运营阶段。政府负责评估项目和支付费用。对于达到验收标准的项目，中国按照协议约定支付当期费用，如果服务质量达不到标准，则政府可以按协议约定相应减少支付。第六，退出阶段。PFI 期满后无偿将项目交给政府，对于运营良好的项目，经双方协商，可以考虑继续续约。

PFI 模式与 BOT 模式的主要区别在于，在项目规划阶段，PFI 模式下政府仅提出项目目标，而 BOT 模式下政府需要提出具体的工程设计；PFI 模式下，企业承担投资风险，而 BOT 模式中政府需要对风险进行担保；PFI 模式下，项目期满后可通过协议进行续租，而 BOT 模式下通常不存在续租案例；PFI 模式中，政府需要购买服务抵消项目运营成本，而 BOT 模式中，是通过向使用者收费来维持运营成本的。

昆明市第一人民医院与星耀集团合作开办的星耀医院是 BOT 模式的典型案例，以房地产开发为主的星耀集团提供土地和房屋，第一人民医院提供人员、技术和设备，资产所有权不变，整个项目投资 50 亿元。双方约定，开办医院的前 10 年，星耀集团占 51%股份，后 10 年，昆明市第一人民医院占 51%股份，通过社会资本投资和体制机制创新，最终实现了企业与医院的合作建设。

IOT 模式在公立医院托管中运用的比较多。凤凰医疗集团通过对京煤医院集团投资 1.5 亿元获取了京煤医院的运营权，对京煤医院进行了医院设施改造、升级先进医疗设备，同时统一采购药品、器械和耗材并转卖给医院来实现差价获取收益，通过医院管理服务业和供应链业务，凤凰医疗实现了营利性收入。2014 年 9 月，北京凤凰又与北京市门头沟区妇幼保健院签订了 IOT 协议，通过对门头沟区妇幼保健院的 1500 万元的投资换取了医院的经营权。

资产证券化可以提高资本回报率，主要有房地产投资信托基金（RE-ITS）和资产支持证券（ABS）两种。房地产投资信托基金是基于医院物业的资产证券化，是以收益凭证的方式向投资者募集资金，并交由专门机构对房地产进行投资和管理，将投资收益按照比例分给投资人。资产支持证券是基于医院项目收益权的资产证券化，是对基础资产所产生的现金流和剩余权益的要求权。

（四）社会办医在融资中存在的问题

1. 民营医院自身属性和公立医院的产权结构限制了融资渠道

从民营医院自身来看，一是医院可用于抵押的有效固定资产不足。我国1995年颁布实施的《担保法》明确规定，医院等以公益为目的的事业单位的医疗卫生设施和其他社会公益设施不得用于抵押。二是银行贷款等间接融资仍是医院外源融资的主要方式，但是医院资金仍以自由资金和财政资金为主，银行贷款仍面临一系列障碍。三是民营医院的现金流相对不稳定，缺乏可靠的还款来源。也有一部分民营医院为非营利性医院，投资收益回报率相对较低，缺乏稳定的收益回报，因此难以达到银行的贷款条件要求。四是公立医院的产权结构限制了社会资本进入。在公立医院单一的产权结构中，政府占主导地位，作为行业监管者的卫生行政部门管办不分的弊端和较长的委托——代理链使政府管制缺位、代理成本高、经营效率低下，缺乏有效的内部激励和约束机制。

2. 金融机构的融资门槛高，多元化融资占比少

从金融机构及融资体系来看，社会办医仍以间接融资为主，直接融资门槛高、操作复杂、多元化融资占比少。

一是债券融资采用较少。这是债券市场可选择的债券产品不够多元化和医院主体资格缺乏两方面的原因造成的。从债券市场来看，由于我国债券市场早期的发展目的是政府作为重大建设项目的主要融资方式，重点解决经济建设资金不足问题，企业债券的发行主体都是大型国企或者政府背景的融资平台公司，投资方向主要是具有较好收益和价值回报的铁路、公路、房地产、机场等基础设施建设领域。虽然目前债券品种已经大大增加，但债券的发行主体仍然是以地方政府、中央企业为主，债券的期限也主要是以中短期为主，发行主体不够多元化、民营企业发债占比较小，适合民营医院的债券品种缺乏。从民营医院的角度看，由

于我国目前医疗产业主体以公立医院为主，民营医院的规模相对较小，医院所有权体制不够规范，成立时间较短，现代管理体制不够健全，发行债券难以找到投资者。

二是股权融资门槛较高，上市融资的股份份额和收益分配要有严格的规定和监管。随着股权融资模式的普及和融资规模的扩大，对医院股份转让的风险也比间接融资大，国内通过股权融资成功的案例可借鉴的经验不多，都成为制约股权融资进一步普及的障碍。

3. 配套支持政策落实不到位

从配套支持政策和环境看，一是民营医院尤其是营利性医院的公平竞争环境仍有待完善。民营医院在财政补贴、税收优惠、资格准入、营业范围等方面有较多限制，各种支持政策落实不到位。二是医院融资的贴息、风险补偿担保等政策缺乏。政府信用的隐性担保缺位，且目前市场发展受到限制较多，规模相对较小，制约了其获得贷款的能力。三是新型融资方式缺乏实践和配套支持。2014 年第 21 届亚太经合组织（APEC）财长会议发布了《APEC 区域基础实施 PPP 实施路线图》，财政部等中央和地方部委相继发文推行 PPP 模式，英国是将 PPP 模式成功应用到医疗卫生领域的典型国家，通过公私合营模式，英国政府成功地将公共医疗服务的负担外包给更专业的医疗机构，既减轻了财政负担，也改善了医疗供给，提高了医疗机构的效率，获得了民众支持。以 PPP 模式为代表的中间融资模式在中国医疗卫生行业开展时间较短，操作经验不足，相关政策仍处于探讨阶段，缺乏细化落实措施。同时，中间融资存在经营和管理成本上涨导致的政府债务增加、私人投资失败的风险增大、服务部门的价格管制机制欠缺、医院融资风险增大、激励作用有限等问题，制约了医院融资的规模和效率。

六、社会办医的典型案例

(一) 上市公司投资医疗机构：宿迁公立医院私有化

宿迁地处江苏北部，辖域内医疗卫生资源总量小，结构失衡，人才匮乏，政府垄断医疗市场，投入不足，医院产权不清晰，运行效率低下，医疗资源使用率不足，看病难、看病贵问题突出。

宿迁市人民医院是一家二级乙等综合医院，2003年金陵药业以7012.6万元人民币收购了宿迁市人民医院70%的产权，并由南京市鼓楼医院参与经营管理。转制后，宿迁医院按照现代企业制度设立了董事会、监事会和管理层，引入竞争机制，改革人事制度，制定实施方案，改革分配制度，修订管理制度，改革民主程序，真正实现了资本、技术和政府资源的有机融合。

经过改制，宿迁医院的管理能力大幅提升，医疗设施得到改进，医疗服务水平大大提高，成功升级为三级乙等医院，并且医院的业务收入和利润逐年增加，金陵药业的医院管理能力也有很大提高。

(二) 外资医疗集团投资医疗机构：和睦家

经济的发展和人民生活水平的提高极大地改变了居民的健康观念，带动了城市健康服务业的发展。随着国家对社会资本进入医疗领域的逐步放开，外资医疗集团涉足医疗领域的案例增多，成功投资医疗机构并取得显著经济和社会效益的案例也不少，其中比较典型的是和睦家医疗集团的诞生。

1981年成立的美中互利（Chindex）在中国创办的和睦家医疗集团是中国境内第一家按国际标准设立、诊疗技术领先的具有国际先进水平的综合性医疗机构。医院的目标就医人群是大城市中的中高收入群体，以急诊、全科、妇产科、儿科等专科医疗和高水准的住院服务为主要业务，以英语作为工作语言，工作人员可提供高水平、专业化医疗服务，且与保险公司开展战略合作，可以提供包括健康保险在内的一揽子医疗解决方案。

1997 年，北京市第一家和睦家医院正式开业，配备了拥有国际医师执照的外国医生和来自各大医院的高水平中国医生，提供专业诊疗。2004 年上海和睦家医院成立并投入运营，2009 年广州和睦家开业，2011 年和睦家启望肿瘤中心成立，天津和睦家正式开业。如今和睦家医疗集团拥有三家综合性医院和 10 多家诊所，已经发展成为技术领先的全国性连锁医疗集团。其收入已经从 1999 年的 394.6 万美元上升到 2012 年的 1.5 亿美元，特别是 2005 年之后呈现出井喷式增长。

（三）VC/PE 投资医疗产业：安琪儿

安琪儿医疗控股集团位于成都，主营高端妇幼医疗服务，旗下拥有五家妇产医院。2010 年，鼎晖投资和清科创投 A 轮注资 1 亿元人民币，2013 年红杉资本 B 轮投资 2 亿元人民币，安琪儿医疗集团定位于中国西南部中心城市并逐渐向二、三线城市扩张，达到一定规模后实现在北京、上海和广州等地的并购扩张。

安琪儿医疗集团是 VC/PE 投资的典型案例。其定位于风险较低、利润较高的高端妇产医疗领域，其运作模式规范化和专业化，能够了解市场需求，找准区域定位。为了避免与一线城市的和睦家、美华妇儿、美中宜和等专业妇产医院的竞争，安琪儿将市场定位于大型医疗机构较少涉猎的二、三线城市，既避免了激烈竞争，又弥补了市场空缺，取得了一定的市场占有率。另外，安琪儿充分利用红杉资本在互联网和连锁经营方面的投资经验，在人员培训、信息系统建设和连锁扩张中利用其获得资金和业务支持，有助于成为互联网时代的平台化企业。

安琪儿遵循三线分立、管院分离的办医理念，着力打造品牌化、规模化和专业化的办医模式，凭借着多层次的管理和专业人次，2012 年成为中国第 15 家，西南地区第 1 家国际 JCI 认证医院。

（四）IOT 投资案例：凤凰医疗投资门头沟区医院

凤凰医疗集团有限公司是中国最大的民营医院集团，2010 年托管北京市门头沟区医院，2013 年在香港成功上市在北京市医改办的大力支持下，北京市门头沟区医院成为北京市医改首次引入社会资本办医的试点。目前，凤凰医疗涵盖了控股投资的北京健宫医院和 IOT 模式管理的北京市燕化医院、北京市门头沟区医院、北京京煤集团总医院和北京市门头沟区中医院，主营业务包括综合医院业务、医院管理业务和供应链业务。

转制后的门头沟区医院建立了现代医院法人治理结构，实行院长负责制，分离了所有权、决策权、执行权和监管权，实现了从公立事业单位机制向现代医院管理机制的转变。之后，凤凰医疗又将门头沟区中医院并入门头沟区医院集团，实现了对门头沟区中医院的托管和门头沟区医院的集团化管理。通过改制，门头沟区医院运营效率显著提升，床位数和门诊量逐年递增，凤凰医疗和门头沟区医院在投融资实践中实现了共赢。

七、社会办医的启示和建议

社会办医是事关医疗卫生体制改革成败的重要改革举措，需要以政府提供制度并监督实施为前提，既要遵循我国社会保障、医疗保险、卫生体制等方面改革的总体思路，又要借鉴国际社会办医投融资经验，结合市场化的运作机制来实现社会办医投融资各参与方的合作共赢和良性互动发展。因此，政府要创造条件，通过建立规范的运行机制，创新投融资模式，完善投融资体系，取消市场化过程中产生的负外部性，创造公平、高效的竞争环境，从投融资主体、投融资对象、投融资模式、投融资政策等方面确保社会办医的长期可持续运行，形成以直接融资为主、间接融资为辅、中间融资为补充，投资主体充分介入、资金来源多元化、股权结构市场化的投融资体系。

（一）转变政府职能，创新医疗服务供给模式

从医院自身来看，产权清晰、权责明确、管理科学的法人治理制度是

优化医院融资环境的制度保障[①]。应当明确政府定位，转变政府职能，完善法律和规章制度，创造平等的竞争环境和激励机制，通过科学的研究和论证，优化资源配置，建立科学的风险预警机制，加强对负债项目的管理，形成医院所有权、监督权和经营权相互制衡的运行和监管体系。

划清政府和市场的边界。按照十八届三中全会关于发挥市场在资源配置中的决定性作用和更好发挥政府作用的总体部署要求，明确政府和市场在医疗卫生领域的分工，提高医疗资源配置效率。政府主要起到政策制定、总体规划、规则监督的作用，要对公立医院和民营医院一视同仁，作为公平的市场主体平等参与竞争，共同促进医疗健康产业良性发展。

建立政府购买服务的常规机制，社会资本可以自主举办营利性或非营利性医疗机构。实行分类改革方式，对现有公立医院通过托管、兼并收购、融资租赁、引进股权投资者等方式进行存量改革，对新建立的民营医院通过借鉴国际先进经验引入风险投资、私募股权投资和保险基金等方式进行增量改革，建立风险可控的低息贷款和贷款贴息机制。建立民营机构发展互助基金，为民营机构融资提供担保或直接参与投资[②]。

（二）借鉴国际经验，试点公私合作经营

国际社会的办医经验证明，医疗服务市场分为政府主导的基本服务和市场主导的非基本服务[③]。政府的主要职责是制度、规划、服务和监管等方面，以维护公共医疗的公益性为目的。随着医疗服务供给新模式的出现，政府购买医疗服务成为趋势。应借鉴国际公私合作经营模式（PPP）进行试点改革，引入私人部门的先进经验和技术，政府通过购买服务来实现对私人部门的监管，同时借鉴美国建立的医疗产业集团经验，探索符合

---

① 何克春，袁红梅，李明，等．公立医院产权制度改革对医院融资的影响剖析［J］．中国卫生经济，2014，33（4）：30—32.

② 刘桂林，王琳．社会资本举办民营医疗机构的困境与对策——以浙江省温州市为例［J］．中国卫生政策研究，2014，7（5）：37—41.

③ 田文华，段光锋．公共选择理论视角下社会资本办医的职能、定位与市场分割［J］．卫生经济研究，2013（1）：4—6.

中国国情的医疗服务创新模式[①]。

（三）强化配套政策，保障社会办医的平等待遇

规范医院融资行为和方式，明确融资主体的权利和义务，优化相关配套措施，完善医疗机构分类管理政策，增强投资主体的投资信心，确保融资主体的地位是社会办医的前提和基础。

第一，人才方面，鼓励医疗人才的自由流动。鼓励经营绩效好、管理规范的民营医院出台更具针对性的人才吸引措施，形成优秀医生在公立医院和民营医院的双向流动，倒逼公立医院卫生人事制度改革，最终形成医疗卫生人才资源共享机制，盘活医疗卫生领域的人力资源，改进职业医德，创新医疗技术，提高医疗服务水平。从健全法律法规等方面着手，在具体职称评定、科研经费、养老保险等方面做好政策引导，促进优质医师资源“下沉”和必要的人才自由流动[②]。探索开展医师多点执业团队，将业务科室、行政科室等整体进行打包，放宽对中级职称医师的限制。第二，医保定点方面，鼓励各地将符合条件的非公立医疗机构纳入医保定点范围[③]。支持非公立医疗机构享受与公立医院同等的医保定点审批资格。第三，土地政策。社会资本办医应优先享有土地政策，落实社会办医各建设项目的费用减免，民营医院与公立医疗机构共同盘活存量土地，将民营医院用地纳入土地利用总体规划，合理安排用地需求。第四，税收政策方面。参照民办教育行业的做法，研究探索针对民营医院的退税优惠和企业所得税率政策。第五，在用电、用水、设备配置、用气、技术准入等方面给予与公立医疗机构同等的优惠政策。政策宣传和管理、融资途径介绍等配套措施需要进一步完善和落实。

---

① 陈龙．当代中国医疗服务公私合作研究［D］．昆明：云南大学，2013.

② 房珊杉，刘国恩，高晨．昆明：医师“多点执业”探路［J］．中国社会保障，2011（10）：78－79.

③ 徐新海．社会资本办医的障碍与待解之举［J］．医院管理论坛，2013，30（6）：9－11.

（四）加强行业监管，确保社会办医良性发展环境

医疗卫生事业事关人民群众的生命和身体健康，因此应在放开准入的同时加强行业监管，做到发展与监管并重。重点加强准入监管和执业监管，建立长效监督机制，按照法律法规监管民营医院的医疗服务，通过指标监控、现场查看和案例追踪等手段加强医疗质量监督[①]。对医疗质量进行动态监管，健全社会办医医疗风险的防范机制[②]，在优惠政策、评审和晋级等方面促进民营医院提高经营效率。

（五）建立医院法人制度，明确融资主体地位

从医院自身来看，产权清晰、权责明确、管理科学的法人治理制度是优化医院融资环境的制度保障[③]。应当明确政府定位，完善法律和规章制度，创造平等的竞争环境和激励机制，通过科学的研究和论证，优化资源配置，建立科学的风险预警机制，加强对负债项目的管理，形成医院所有权、监督权和经营权相互制衡的医院运行和监管体系[④]。

（六）拓宽医院融资渠道，提高融资效率

从市场投融资体系方面看，创新针对医院的多元化融资模式，广泛吸收各种资本进入医疗领域，充分调动医院经营者的工作积极性，综合运用直接融资和间接融资等多种融资工具，创新融资方式，提高融资效率，形成融资主体多元化、融资方式多样化的办医体制。加大对民营医院融资贷款利息的贴息补贴力度，鼓励以股权投资、抵押贷款、项目融资的方式筹

---

① 刘燕，黄晓光．对我国社会资本办医的思考及建议［J］. 南京医科大学学报（社会科学版），2013（6）：523—526.

② 惠文，吴华章．加快完善我国社会资本办医的基本策略研究［J］. 中国医院管理，2014，34（2）：4—5.

③ 何克春，袁红梅，李明，等．公立医院产权制度改革对医院融资的影响剖析［J］. 中国卫生经济，2014，33（4）：30—32.

④ 张佳慧，董四平，方鹏骞．非营利性医院融资现状、关键因素与政策支撑体系研究［J］. 中国医院管理，2010，30（3）：6—11.

集资金，建立医疗机构担保基金和地方性医疗机构融资平台[①]。

（七）保障基本医疗服务，完善退出机制

公立医院通过提供基础而同质化的服务，保障了弱势群体和低收入人群的基本医疗需求。在社会办医的过程中，随着市场化的推进，可能会出现公立医院和民营医院为增加盈利，在竞争中胜出，而改变服务对象，转向营利性更高的项目和人群，从而忽略弱势人群的服务问题。因此需要通过相应的法律法规和行政规章区分二者的经营边界和分工定位，确保各类居民的基本医疗服务得到满足，医疗服务可及性进一步提升。同时，市场竞争必然会有优胜劣汰，要允许依法建立民办医疗机构退出机制，依法对社会办医机构进行清算。在确保社会办医不影响医疗服务稳定性的同时，确保投资者的正当权益得到应有的保护[②]。

---

① 钟以君．关于金融支持社会办医的几点思考［J］．金融经济，2013（14）：22.

② 田嘉静，应晓华，李国红．医疗保障制度改革对社会办医疗机构的影响［J］．中国医院管理，2012（2）：9—10.

第六章

激励相容：影响医疗卫生服务可及性的环境视角

要提高流动劳动力医疗卫生服务可及性，除了实现技术方面的即时结报，制度方面的转移接续和供给方面的社会办医，还需要达到政府、医疗机构与流动劳动力之间的激励相容，实现环境要素的最优资源配置。本章我们将在前文分析的基础上，运用经济机制设计理论构建医疗卫生服务可及性的激励相容模型，以实现流动劳动力在就医过程中的最优资源配置和激励相容。

一、经济机制设计理论的引入

资源配置问题是经济学研究的核心问题，即在理想状态下，市场机制如何实现资源的有效配置问题。但在现实经济生活中，不存在市场经济有效运行的理想条件和资源配置机制，如何在现实条件下实现资源优化配置成为研究的核心问题。经济机制设计理论有助于解决此类问题。

机制设计理论由赫尔维茨创立，马斯金和迈尔森进一步发展而来。机制指那些人为可控的用于组织、协调经济和社会行为的系统。能够被设计者所控制的要素称为机制，不能被控制的要素称为环境。经济机制设计理论研究在自由选择、自愿交换、信息不完全及决策分散化的条件下，能够设计一套经济机制来达到既定目标，并且能够比较和判断机制的优劣性。赫尔维茨（1973）认为从研究路径和方法来看，经济机制设计理论与传统经济学不同，传统经济学把市场机制作为已知，研究它能导致什么样的资源配置。机制设计理论把社会目标作为已知，在满足参与者各自条件约束的情况下，通过设计博弈的具体形式，在满足参与者各自约束条件的情况下，使参与者在自利行为选择策略的相互作用下实现配置结果与预期目标的一致，并寻找实现既定社会目标的经济机制①。

（一）经济机制设计理论的主要内容

经济机制优劣和选择的标准包括资源的有效配置、信息的有效利用、各经济单位利益的协调等。资源的有效配置要求资源得到有效利用，信息的有效利用要求机制的运行具有尽可能低的信息成本，激励相容要求机制能协调包括所有集团和社会利益的经济单位，并最终达到激励一致。

有效配置资源。有效的资源配置能够减少资源的浪费和重复建设，资源配置是资源开发与利用的过程，也是信息挖掘和共享的过程，包括信息收集、谈判签约、议价等步骤。对资源进行整合，就是在知识与信息有效供给的基础上实现资金、人才、资产等方面的有效配置和均衡分配，共同达到目标的过程。当一方由于资源稀缺无法完成资源配置时，便会以支付费用的形式寻求支援方，经过谈判、磋商、签约等环节后达成交易合同。资源配置并非仅局限于市场资源配置，同时包括社会资源、政治资源和行政资源等。

有效利用信息。赫尔维茨（1960）在《资源配置最优化与信息效率》中探讨了如何解决博弈决策过程中由于信息不对称导致的资源配置效率扭曲的问题。赫尔维茨认为可以通过信息交流系统中的经济参与人互相传递信息，信息交流系统按照事先制定的规则对每个信息指定一个配置结果，

---

① Hurwicz，L. The design of mechanisms for resource allocation. American Economic Review，1973（63）：1—30.

运用某种算法来实现信息集的最优配置①。

激励相容（Incentive compatibility）。激励相容是由威廉·维克里（William Vickrey）和詹姆斯·米尔利斯（James. A. Mirrlees）在研究过程中创立的，并引入经济学领域，开创了信息不对称条件下的激励理论和委托代理理论，是对激励理论做出的开拓性和原创性的贡献。赫尔维茨（1972）在机制设计理论中的激励相容是指在给定机制下如实报告自己的私人信息是参与者的占优策略均衡。激励相容要解决是否存在可以获得合适结果的信息处理规则，经济参与人是否按照规则行事，在信息不对称的情况下，如何使个人目标与社会目标一致。因为在市场经济中，每个理性人都会按自利的行为行动，如果能有一种制度约束，使行为人在追求个人利益时正好与集体的利益最大化目标相吻合，这一制度约束就是激励相容。该理论能够有效解决好个人利益与集体利益的冲突，使个人行为方式和结果与集体利益最大化的目标相吻合。在激励相容机制中，采用的准则是占优策略均衡，评价机制的标准是帕累托最优。信息经济学认为，任何一种制度安排或政策，只有满足个人的激励相容，约束才能行之有效。激励机制的目标是服从于委托人实现自身利益最大化的目标，委托人设计的规则使代理人能够使自身利益最大化选择的最终结果与委托人给出的标准或目标一致②。

显示原理（Revelation Principle）。20 世纪 70 年代由迈尔森提出的显示原理简化了机制设计理论的分析思路，深化了机制设计理论。它将最优机制局限于直接机制的最优集合中，并将最优机制转化为现实机制。即只考虑一类特殊的机制，如果从这类特殊机制中不能找到合适的机制来实现

---

① Hurwicz, L. Optimality and informational efficiency in resource allocation processes [A]. in Arrow, Karlin, and Suppes (Eds) . Mathematical methods in the social sciences [C]. Stanford, CA: Stanford University Press, 1960.

② Hurwicz, L. On informationally decentralized systems [A]. in Radner, and McGuire (Eds) . Decision and organization [C]. Amsterdam: Elsevier Science, 1972.

社会目标，那么其他机制也不能实现给定的社会目标，即一个机制的任何均衡结果都能通过一个直接激励机制来实现。由某机制及其均衡因素所构成的共同体等价于一个直接激励机制（Myerson，2006）①。人们仅考虑直接显示机制能有助于简化机制，并使机制设计的数学表达成为可能。这种方法解决了机制设计理论中的选择性问题。

实施理论（Implementation Theory）。1977 年马斯金在《纳什均衡与福利最优化》中提出了解决机制设计中的目标选择难题，即人们在选定的机制中可以产生多个可能的社会目标，但人们的社会目标只能是多种可能结果中的一种，这种机制不能保证一定会实现该目标。马斯金的实施理论认为，在一定条件下，人们能够找到实现社会目标的最优机制，并且这种机制与社会目标的结果是一致的。

（二）经济机制设计理论与医疗卫生服务可及性

我国医疗卫生服务可及性中具有委托代理模型的基本要素和特征。将经济机制设计理论引入医疗卫生服务可及性丰富了该领域的研究视角，为寻求适应我国国情的医疗卫生服务可及性研究提供了理论基础。

第一，医疗卫生服务可及性中的委托代理关系。

公共物品具有非竞争性、非排他性和较强的外部性，导致在提供公共物品时会出现“搭便车”现象。在医疗卫生服务提供方面，政府是委托人，医疗卫生机构是代理人，政府的职责是维护和确保公共利益的最大化，医疗卫生机构的职责是在满足自身发展的同时最大限度地满足人民群众的基本医疗需求，提供医疗服务。因此，政府部门和医疗卫生机构之间构成了委托代理关系。

第二，医疗卫生服务可及性中的非对称信息。

萨缪尔森（1954）认为资源配置机制不能确保完全有效的公共品水

---

① Myerson R. Mechanism Design [A]. In: L. Blume and S. Durlauf (Eds.), The New Palgrave: Allocation, Information and Markets [C]. New York: Norton, 2006.

平，机制设计理论可以有效分析公共品的供给。同时，医疗行业所特有的专业性和垄断性，使患者处于信息不对称地位；委托人受限于技术手段和知识结构，对于新问题和新情况不能及时发现和有效制止；各方之间对于卫生支付意愿和卫生服务强度各有私人信息，各方在卫生服务提供时会出现提供隐藏信息、错误信息或减少有效信息的行为以降低成本或获取利益。另外，市场化的医疗卫生服务提供也会造成公共卫生资源分配不均、卫生资源浪费、基本医疗卫生服务不可及等问题，无法达到帕累托最优。

第三，构建激励相容的医疗卫生服务可及性的基本原则。

首先，是利益共荣原则。高效社会制度的前提是利益共荣，即制度设计者为了维护自身利益而设计出的制度恰好有利于制度接受者。在不影响各参与方追求个人利益最大化的约束下，通过设计一个博弈规则，平衡政府、医院、患者、医生等各方利益，调动相关机构和人员的积极性。利益共荣者关心并竭尽全力提高全社会的产出和增长额，因为社会产出的减少将使追求自身利益最大化的个人和组织遭受极大的损失。因此，在利益共荣原则指导下，政府、医院、患者和医务人员都具有统一的目标和遵循原则。

其次，是优化机制原则。按照社会选择理论设定一个社会目标，制定高效、公平、可行、可及的医疗卫生服务机制，机制设计的结果就是使个人目标与社会目标相结合。在医疗卫生服务提供方面必须设计一套有效的激励机制，充分转变政府管理理念，创新管理手段，提高管理效率，协调管理客体，坚持政府主导与市场机制相结合，充分发挥市场在资源配置中的决定性作用，保证医疗卫生服务供给的效率性和公平性，达到社会资源配置的帕累托最优。

二、经济机制设计理论的研究现状

经济机制设计理论已在监管、国企改革、金融系统、医疗改革、产权、竞价、公司治理、网络经济、绩效管理、社会选择等方面得到广泛应用，可以有效解决委托方和代理方的激励性问题。

（一）激励机制方面

在激励机制方面，我国对激励理论的研究始于20世纪80年代末90年代初，主要集中于对国有企业的改革。张维迎（1995）认为国有企业的委托代理关系属于多层次委托代理，委托人的监督性和代理人的激励性都随着共同体规模的扩大而递减。同时他认为，非对称信息导致了融资中的逆向选择和道德风险，从而导致了泡沫经济和金融危机。杨瑞龙（1997）认为在委托代理行为中，委托人约束代理人的动机和能力较弱，国有制是对全民所有制的帕累托改进。陈学彬（2003）运用非对称信息法研究了我国商业银行激励约束机制问题。田国强（2003）探讨了机制理论中的信息效率问题和激励机制设计问题[①]。钟春洋（2010）利用激励相容理论设计了中央政府与地方政府、地方政府与企业、企业与劳动者之间的委托代理模型，并提出多元化利益观念引导、构建政府行为的激励约束机制、建立企业联盟利用机制等建议[②]。郭其友、李宝良（2007）探讨了机制设计理论的核心问题，评述了激励设计理论的主要贡献以及对于我国经济体制改革的主要应用[③]。朱慧（2007）详细梳理了赫尔维茨、马斯金和迈尔森等对机制设计理论的主要贡献，阐述了机制设计理论的发展脉络和重要结论[④]。有学者综述了机制设计理论的激励相容机制、显示原理和执行理论等核心概念、独创性见解和理论的最新发展（方燕、张昕竹，2012；何光辉等，

---

① 田国强．经济机制理论：信息效率与激励机制设计［J］．经济学（季刊），2003（1）：271—308.

② 钟春洋．经济发展方式转变中的利益博弈——基于激励相容的视角［J］．科学·经济·社会，2010，28（3）：37—42.

③ 郭其友，李宝良．机制设计理论：资源最优配置机制性质的解释与应用［J］．外国经济与管理，2007，29（11）：1—8.

④ 朱慧．机制设计理论——2007年诺贝尔经济学奖得主理论评介［J］．浙江社会科学，2007（6）：188—191.

2008；邱询旻、冉祥勇，2009）①②③。朱琪、陈乐优（2008）讨论了机制设计理论在拍卖理论、货币政策时间不一致性、绿色支付政策、国企改革和金融系统中的应用④。

（二）激励监管方面

在激励监管研究方面，Baron 和 Myerson 将委托代理理论和激励机制设计理论引入激励监管理论中，丰富了政府监管领域的研究。Laffont 和 Tirole（1993）将激励理论和博弈论应用于监管理论分析，使激励监管理论着重于解决由监管者和被监管者的信息不对称导致的逆向选择和道德风险等问题，扩大了激励监管理论的应用性。车田超（2011）运用激励相容理论研究了基本药物可及性监管的必要性、可及性和理论模型，详细分析了政府与医药生产企业、政府与医疗机构、医生与患者的激励相容模型，并研究了如何优化对监管者的激励，提出政府、医药生产企业、医疗机构、医生、患者的政策建议⑤。李璐（2012）将激励规制理论运用到公立医院的政府监管中，设计了公立医院政府监管激励规制合同模型，以及实现公立医院政府监管激励规制的实现策略和实现路径⑥。

激励监管理论在银行业应用广泛。李红坤（2007）将金融风险划分为商业性金融风险和制度性金融风险，并认为制度性金融风险是我国银行业监管面临的主要风险，并提出了银行监管激励相容度的概念，认为资本约

---

① 方燕，张昕竹．机制设计理论综述［J］．当代财经，2012（7）：119—129.

② 何光辉，陈俊君，杨咸月．机制设计理论及其突破性应用［J］．经济评论，2008（1）：149—154.

③ 邱询旻，冉祥勇．机制设计理论辨析［J］．吉林工商学院学报，2009，25（4）：5—9.

④ 朱琪，陈乐优．资源优化配置的机制设计理论及其应用［J］．学术研究，2008（3）：76—82.

⑤ 车田超．基于激励相容理论的基本药物可及性监管研究［D］．南京：南京中医药大学，2011.

⑥ 李璐．基于激励规制理论的我国公立医院政府监管模式研究［D］．武汉：华中科技大学，2012.

束机制与激励相容机制是银行监管激励与约束机制有效运作的必要条件①。鲁志勇、于良春（2005）认为激励相容机制可以提高银行的竞争力，降低监管成本，提高监管效率②。谢家智、周振（2008）通过采用税率变量和激励相容度变量构建均衡模型，最终求出最优税率和激励相容度的解，用以说明政府为了提高金融生态系统的预期收益。优化金融生态，应该充分考虑税率和激励相容度的关系③。机制设计理论也广泛应用于农村金融市场，郭树华等（2008）通过建立农村金融市场上的差异需求和分层供给行为选择的约束机制模型，分析了约束机制变量对农村金融供求行为选择的影响④。吴军、何自云（2005）提出了激励相容度的概念，即成员目标与制度目标一致的程度，认为应当从激励结构、信息披露、产权界定等方面来界定⑤。

（三）绩效管理方面

激励相容理论也广泛应用于绩效管理方面，周黎莎、余顺坤（2012）利用激励相容理论建立了信息对称和信息不对称条件下的激励相容绩效模型，明确了企业绩效管理模式的实现路径，利用实例证明了信息不对称条件下的企业激励相容管理模式的合理性和有效性⑥。有学者针对国有企业低效率问题设计了“油锅合同”模型，通过采取解雇或者追求民事和刑事

---

① 李红坤．资本约束、激励相容与银行业监管［J］．金融论坛，2007（5）：19—25.

② 鲁志勇，于良春．银行激励相容监管的机制设计［J］．经济理论与经济管理，2005（5）：20—22.

③ 谢家智，周振．金融生态制度建设中的政府行为分析——一个最优税率和激励相容度的均衡模型［J］．金融理论与实践，2008（4）：36—40.

④ 郭树华，王健康，袁天昂．对农村金融的差异需求与分层供给行为选择的模型分析［J］．上海金融，2008（5）：22—26.

⑤ 吴军，何自云．金融制度的激励功能与激励相容度标准［J］．金融研究，2005（6）：33—46.

⑥ 周黎莎，余顺坤．基于激励相容的企业绩效管理模式设计［J］．技术经济与管理研究，2012（1）：13—17.

责任的机制来对业绩差的国有企业经营者进行激励，以减少业绩好的经营者的利益损失（杨善林等，2005）①。资源整合能够减少资源的重复建设，企业只有在整合后的收益大于其他途径的收益时才能完成资源整合，即激励相容（冯伟、王修来，2009）②。

（四）公共卫生服务方面

在公共卫生服务方面，孙翠环（2011）将机制设计理论引入农村公共卫生服务的私立卫生机构供给方面，通过比较国内外公私合作提供卫生服务的经验，分析了私立卫生机构提供公共卫生服务的可行性和优劣比较，探讨了私立卫生机构参与公共卫生服务的激励与制约机制，构建了私立卫生机构提供公共卫生服务的社会支持系统框架③。李春林（2012）运用机制设计理论探讨了农村基础设施供给机制和农村公共事业服务供给机制，从理论上阐述了政府与企业的债权债务关系和利益相关关系④。私立卫生机构提供公共卫生服务具有可行性，高红霞等（2011）通过调查农村公共卫生服务的供给现状，运用机制设计理论分析认为群众就医倾向于公立医疗机构，私立医疗机构的群众认可度低，但其提供公共卫生服务具有可行性，应当修订医疗卫生机构管理模式，限制公立医疗机构的规模，并调整税收政策，完善法律体系⑤。也有学者设计了政府与村卫生室的激励相容模型，在政府购买服务的宏观背景下，构建了对称信息静态和非对称信息

---

① 杨善林，王素凤，李敏．国有企业经营负激励机制设计——“油锅合同”模型解析［J］．财经研究，2005，31（9）：114—123.

② 冯伟，王修来．交易成本、激励相容与资源整合［J］．科技与经济，2009，22（5）：72—75.

③ 孙翠环．机制设计理论视角下农村公共卫生服务私立卫生机构供给研究［D］．武汉：华中科技大学，2011.

④ 李春林．基于机制设计理论的农村公共服务运营机制的设计［J］．学理论，2012（7）：63—65.

⑤ 高红霞，孙翠环，贾红英．机制设计理论下农村公共卫生服务私立卫生机构供给模式构建［J］．公共卫生与预防医学，2011，22（4）：54—57.

动态的博弈模型，认为村卫生室违规的概率与政府惩罚力度激励概率和监督成本有关①。

在基本医疗服务方面，供方补偿机制的建立同样重要。付强、孙萍（2011）认为我国目前基本医疗服务补偿方面存在整体战略缺失、信息效率低下、供方激励不相容、资源配置不合理等问题，需要利用机制设计理论调动机制参与者的积极性，科学设计和选择改革机制②。中国医改成效不高的根本原因是改革的制度设计没有解决好激励相容问题，提出了共荣利益是构建激励相容的医药管理体制的前提，人人平等的健康保障原则、公共福利性原则、政府尽责原则、信息有效性原则、医疗服务供给低成本原则是构建激励相容的医药管理体制的基本原则（王前强，2009）③。同时需要树立激励相容的改革理念，激发各个利益相关者的积极性，促进医疗卫生体制改革的有效运转（姚毓春、刘元胜，2010）④。吉富星等（2014）将机制设计理论应用到新农合制度中，分析了新农合利益相关者的自利行为和新农合制度的社会目标，并基于机制设计理论提出了新农合制度建设的思考与建议⑤。

在公立医院的监管中也存在监管主体和监管对象之间的利益不相容现象，杨金侠（2009）提出对公立医院的有效监管是管办分开的关键步骤，应将激励相容理论引入公立医院监管中，并提出了基于激励相容理论的公

---

① 何舍兵，罗长坤，贺加，陈辉．合同购买卫生服务中政府与村卫生室的激励相容约束博弈研究［J］．中国卫生事业管理，2013（10）：728—731.

② 付强，孙萍．政府基本医疗服务供方补偿的机制设计理论审视［J］．现代医院管理，2011（1）：4—8.

③ 王前强．激励相容与中国医改［J］．中国医院管理，2009，29（3）：1—5.

④ 姚毓春，刘元胜．激励相容视角下的医疗卫生体制改革［J］．中国卫生经济，2010，29（12）：26—27.

⑤ 吉富星，程丽君，李枢川．我国新型农村合作医疗制度的思考——基于机制设计的视角［J］．重庆理工大学学报（社会科学），2014，28（9）：81—86.

立医院监管措施和对策[①]。同时加强医院公益保障机制的建设，加强非政府组织的发展，寻求各种医疗保障制度和各项社会投入在法律和制度上的依据，建立信息公开披露制度，整合医疗资源（林婕等，2010）[②]。罗紫漪（2014）将机制设计理论应用到医疗纠纷的解决机制中，提出了多条构建医疗纠纷多元化解决机制的对策建议[③]。

（五）其他方面

杨卫安、邬志辉（2012）将机制设计理论运用到城乡教育一体化建设中，认为城乡教育一体化建设在横向上需要建立多层次的利益表达机制和补偿机制，在纵向上需要建立激励机制和监督机制[④]。经济的可持续发展也需要引入机制设计理论，进行横向技术创新，建立和完善一系列制度设计（龚强，2008）[⑤]。在中国建筑市场领域，罗伟、王孟钧（2008）运用机制设计理论分析了建筑市场存在的市场机制、交易机制和信用机制等问题，并针对问题提出了机制设计规则[⑥]。机制设计理论在资源优化配置中也发挥了重要作用，孟卫东等（2010）从资源属性和个体行为准则角度探讨了机制设计理论的主要应用[⑦]。赵曦等（2009）将机制设计理论应用于

---

① 杨金侠．激励相容理论在公立医院监管中的作用［J］．中国农村卫生事业管理，2009，29（7）：499—501.

② 林婕，陈昱方，张亮．机制设计理论在医院公益性保障机制模型中的应用［J］．医学与社会，2010，23（11）：54—55.

③ 罗紫漪．医疗纠纷多元化解决机制研究——以机制设计理论为视角［D］．重庆：西南政法大学，2014.

④ 杨卫安，邬志辉．机制设计理论与城乡教育一体化建设［J］．理论与改革，2012（5）：57—59.

⑤ 龚强．机制设计理论与中国经济的可持续发展［J］．西北师大学报（社会科学版），2008，45（2）：109—114.

⑥ 罗伟，王孟钧．机制设计理论与中国建筑市场［J］．统计与决策，2008（7）：78—81.

⑦ 孟卫东，周陨龙，黄波，刘华萍．机制设计理论在资源优化配置中的应用研究综述［J］．统计与决策，2010（10）：160—162.

中国农村扶贫机制的改革，针对目前农村扶贫机制在法律保障、管理机制、资源整合和监督评估等方面的弊端，结合机制设计理论探讨了中国农村扶贫机制在立法、管理体制、加强社会参与和加强监管等方面的政策建议①。黄澌（2011）将机制理论应用到廉政建设方面，通过借鉴新加坡和我国香港地区腐败预防和廉政建设的经验，基于信息效率和激励相容理论提出了腐败风险管理、政务公开、薪酬制度、绩效考核等措施②。机制设计理论也应用在了高效社科成果转化中，姜颖（2014）认为通过完善评价体系、改变资助方式、创新分配机制和搭建转化平台等措施，可以调动研究主体成果转化的积极性，形成激励相容的社科成果转化机制③。田国强（2014）以机制设计理论为视角，探讨了在国家治理能力和治理体系现代化过程中的体制机制重构与完善问题④。赵红、王新军（2015）基于机制设计理论，从激励手段集合、行为导向制度、行为强化制度、行为保持制度、行为归化制度等五个角度分析了我国农业转移人口市民化的推进机制⑤。周应恒等（2013）设计了食品安全监管的博弈模型，构建了食品安全监管激励相容机制⑥。

---

① 赵曦，罗洪群，成卓．机制设计理论与中国农村扶贫机制改革的路径安排[J]. 软科学，2009，23（10）：69—73.

② 黄澌．基于机制设计理论的腐败风险防控研究［D］. 长沙：湖南大学，2011.

③ 姜颖．机制设计理论在高效社科成果转化中的应用研究［J］. 中国高教研究，2014（4）：74—77.

④ 田国强．如何实现科学有效的体制机制重构与完善——机制设计理论视角下的国家治理现代化［J］. 人民论坛，2014（9）：17—21.

⑤ 赵红，王新军．我国农业转移人口市民化推进研究——基于机制设计理论[J]. 西北农林科技大学学报（社会科学版），2015，3（5）：100—106.

⑥ 周应恒，宋玉兰，严斌剑．我国食品安全监管激励相容机制设计［J］. 商业研究，2013（1）：4—11.

三、经济机制设计理论模型构建

经济机制设计理论通常包括经济环境、配置机制、自利行为、社会目标四个要素，配置机制包括信息空间和配置规则。医疗卫生服务可及性是基于一定的约束条件、博弈主体信息不对称、资源配置不均衡等情况下实现既定目标的制度安排问题，机制设计理论主要解决这类问题。

（一）经济环境

假设提供医疗卫生服务的医疗机构有 N 个，其中涵盖各种级别、各种类型的医疗机构。假设享受医疗卫生服务的对象为消费者或者医疗服务的需求者，本部分以一个消费者为例，其有一个消费者偏好。假定每个单位 $i=1$，2，…，N 的特征是由生产可能性集合 Y^i 、效用偏好 R^i 、初始资源 W^i 等组成，表示为 $e^i=(Y^i,R^i,W^i)$ 。若干个经济环境组成了医疗卫生服务环境，可以表示为 $e=(e^1,e^2,\cdots,e^i)$ ，所有医疗卫生服务环境的集合表示为 E ，因此 $e\in E$ 。假设医疗卫生服务环境 e 中只有医疗机构之间、医疗机构与患者之间彼此了解自己的特征，不了解其他人的特征，即存在严重的信息不对称。

（二）配置机制

配置机制包括信息空间和配置规则。经济环境决定了信息的来源和信息传递机制，医疗卫生服务的经济环境中，每个参与主体的信息空间表示为 M^i ，每个参与主体可以传递信息空间中的任何元素给经济环境中的其他成员。经济环境中的元素可以是某一主体对医疗卫生服务的需求和供给，可以是患者对医疗卫生服务的需求偏好和效用函数，也可以是医疗机构对医疗卫生服务提供行为的成本支出，等等。经济环境中各个参与主体信息空间组成了医疗卫生服务环境的信息空间 M 。

Z 表示资源的配置空间，指医疗卫生服务提供行为中资源配置的形式，即医疗机构的投入产出组合，z 表示配置空间中的每一个元素，从 $z\in Z$ 可知每个医疗机构的投入产出形式。信息的传递过程通过结果函数 h 转化为物质资源的配置过程，医疗机构通过与患者的信息传递，利用一定的配置规则转化为物质资源，实现医疗卫生服务行为。h 表示从信息空间 M 到资源配置空间 Z 的映射，即 $M \to Z$ 。对信息空间 M 中的每一个元素 $m \in M$ 对应着一个配置结果 $z \in Z$ ，用函数表示为 $z=h(m)$。因此，经济激励机制由信息空间 M 和配置规则 h 组成，用公式表示为 $\pi=(M, h)$。

（三）自利行为

医疗卫生服务可及性的博弈主体包括患者、医疗机构和政府。患者是医疗卫生服务的需求者，对自己的身体状态具有信息优势。患者的自利行为主要体现在以较少的支出获得较多的医疗卫生服务，在异地就医的患者能够方便地享受当地的医疗卫生服务，并且在异地就医报销补偿等方面与当地患者或者户籍地患者享受同等待遇。医疗机构是医疗卫生服务的供给者，是医疗服务价格的制定者，对医疗服务价格具有信息优势，具有增加医疗服务费用的潜在自利行为。政府是医疗费用的筹资和支付主体，对医疗卫生服务的供给和需求信息掌握得较少。政府的自利行为体现为在扩大医保覆盖面的基础上控制医疗费用。同时均衡地区间、户籍间、层级间、病种间的不平等。地方政府的自利行为主要是争取更多的财政支持，确保本区域内居民享受到平等的医疗服务和公平的医疗卫生支出。

医疗机构的自利行为用 b 表示，它是从医疗卫生服务环境 E 到信息空间 M 的一个映射 $E \to M$ ，即医疗机构按其自利动机，同时根据自身的经济特征 e^i 构成其准备向其他成员传递的信息 m^i 。对 E 中的每一个元素 e ，每个医疗机构的行为是按照规律 $b(e)$ 执行的，即 $m^* = b(e) \in M$ 。行为 b 的结果依赖于结果函数 h，即对不同的配置规则有不同的利己行为。每个医疗机构的决定不受其他医疗机构的影响，而且每个医疗机构的决定都是最利己的，当每个医疗机构都采用这种策略时，最后达到的均衡称为占优均衡。

（四）社会目标

医疗卫生服务可及性的社会目标是确保居民都享有医疗服务的权利，扩大医疗卫生服务的覆盖面，提高医疗卫生服务的效率。对于流动劳动力的医疗卫生服务来说，提高参合患者的报销补偿比例、提高医疗服务供给量、降低就医费用是主要目标。

患者的社会目标是使就医需求得到满足，用 F 表示，是帕累托有效配置、医疗机构和患者理性配置等配置形式，是配置空间 Z 的一个子集合，$F \subseteq Z$ 。医疗机构的利己行为是由 $m^* = b(e)$ 决定，资源配置 h 决定的配置 $h(m^*) = h[b(e)]$ 属于社会目标 F ，即 $h[b(e)] \in F \subseteq Z$ ，E 中的所有元素 e 都符合此规律，机制 π=（M，h）执行了社会目标 F。在资源配置规则 h 下，医疗机构在自利行为 b 下追求个体目标的同时实现了社会目标，即医疗机构追求自身利益最大化的同时实现了医疗卫生服务的社会服务功能。因此，医疗机构如果都按照自利行为规则行动的话，其最后的资源配置正好满足了医疗卫生服务的社会目标 F ，即实现了“激励相容”。

四、激励相容模型及应用

（一）激励机制的设计

在委托代理理论中，激励机制是一种不完全信息的博弈。由于信息不对称，委托人具有众所周知的支付函数，代理人具有自己可知的支付函数。委托人需要在平衡成本与收益中向代理人提供足够的激励，但同时委托人面临参与约束和激励相容约束。参与约束指要使理性的代理人接受委托人所设计的机制，代理人在该机制下得到的期望效用必须大于等于他不接受这个机制所得到的最大期望效用。激励相容约束指在委托人不知道代理人类型的情况下，希望代理人在自己设计的机制下做出符合自己预期的选择。在医疗卫生服务可及性的激励机制中，包括医疗环境、配置空间与社会目标、经济机制、医疗机构自利行为策略均衡解假设、社会目标的实施与激励相容五个部分。

1. 医疗环境

在提供医疗卫生服务的环境中，所有参与提高医疗服务的医疗机构或者医疗服务的需求者统称为参与者。参与者 i 的经济特征记为 $e^i=(X^i,Y^i,R^i,W^i)$，X^i 是 i 的消费集，W^i 是 i 的初始资源，R^i 是 i 的偏好，Y^i 是 i 的生产集，所有经济特征的集合记为 E^i，所有参与者经济特征的组合构成 $e=(e^1,e^2,\cdots,e^n)$，统称为医疗环境。E 表示医疗环境的一般形式，参与者的特征随着医疗环境面临问题的不同而不同，集合 $E=\prod_{i\in N}E^i$。

2. 配置空间与社会目标

在既定的医疗环境中，每个参与者都参与经济活动并做出决策，并从该环境中得到配置结果。假设 Z 为所有配置结果的集合，F 为社会最优标准，可行集的子集构成的社会目标，那么 F 为从医疗环境到可行集的一个对应，即 $E\rightarrow A$。在给定的医疗环境 e 中，$F(e)$ 是帕累托有效配置的集合，也是市场一般均衡的集合。激励机制即是对所有的医疗环境 $e\in E$，在某种配置规则下使得配置结果符合社会目标。

3. 经济机制

由于医疗环境机制所特有的特征，只有设计恰当的激励机制才能诱导每个经济体真实显示信息。因此，事先告诉参与者所收集的信息是如何被用来决定配置结果有利于社会目标的实现。经济机制由信息空间 M 和配置规则 h 组成，$\pi=$（M，h）。假设 M^i 是参与人 i 的信息空间，是参与人 i 所有可能交换和传递信息 m 的集合，即 $M=\prod_{i\in N}M^i$。信息空间 M 限制了医疗环境中各参与者传递出的信息范围，配置规则 h 则根据各参与者的信息 m 给出配置结果，即结果函数 h 是从信息空间 M 到结果空间 Z 的映射 $M\rightarrow Z$。在激励机制设计中，参与者根据自身偏好和所用策略来决定其行为，激励机制信息空间中的点可作为信息调整机制的平衡点。

4. 医疗机构自利行为策略均衡解假设

在激励机制设计中，个体追求个人利益最大化是其基本假设。在医疗环境中，医疗机构在自利行为的驱使下会尽量隐藏有关经济特征方面的信息，每个医疗机构在既定的规则下选择对自己最有利的信息。因此，不同的经济环境和经济机制会导致参与者个体行为的不同反应，每个医疗机构的策略取决于它的自利行为，不同的规则导致不同的自利行为。假设 $b(e,\pi) \in M$ 表示在医疗环境 e ，机制 π 给定下的均衡自利行为策略解的集合。因此，在医疗环境 E ，信息空间 M ，配置规则 h 和自利行为准则 b 的前提条件下，配置规则和均衡自利行为策略组成了均衡配置结果 $h[b(e,\pi)]$ 。

5. 社会目标的实施与激励相容

社会目标 F 表示激励机制设计的目的，对于某个给定的社会目标，假设存在某个经济机制，它按给定的均衡概念实施了这个社会目标，则认为这个社会目标按给定的均衡概念是可实施的，由此可以得出机制 π 与社会目标 F 的给定均衡概念是激励相容的。

激励机制在医疗卫生服务可及性方面有指导意义，医疗机构的目标是在提供基本公共服务的同时实现自身利益的最大化；政府的目标是设计针对医疗机构的激励机制，促使其提供公平、价廉、质优的医疗卫生服务，同时监督其医疗服务行为；患者的目标是享受基本公共卫生服务；整个社会的目标是提供医疗服务、促进医疗公平。因此在政府、医疗机构与患者之间存在着相互博弈的过程。

（二）医疗卫生服务可及性的激励相容

1. 政府与医疗机构的激励相容

政府与医疗机构的委托代理关系中，政府的目标是给医疗机构提供一定的激励和补助，由医疗机构向普通患者提供医疗服务，政府是委托人，医疗机构是代理人。作为代理人的医疗机构则是在获得政府财政奖补后，向患者提供医疗服务。

为简化分析过程，我们给出如下假设：

(1) 假设医院对患者提供医疗服务的努力程度为 X ，$0 \leqslant X \leqslant 1$ ，即当 $X=0$ 时候，医疗机构未按照政府的希望，向患者提供医疗服务；$X=1$ 则意味着最理性的状况，医疗机构按照政府的希望，最大程度地向患者提供医疗服务；$0 < X < 1$ 则是指医疗机构根据政府的投入以及自己的产出能力，向患者提供一般努力程度的医疗服务。

（2）医疗机构在付出努力程度 X 的时候，需要付出一定的成本 $C(X)$，$C(X) = C_0 + C_1 \times X^2 + \varepsilon_1$，其中，$C_0$ 表示医疗机构的固定成本，C_1 表示努力程度对医疗机构成本的影响程度，医疗机构努力程度的增加伴随着其成本的增加，ε_1 为服从标准正太分布的随机影响因素。

（3）政府对医疗机构付出努力程度 X 的财政补助为 $W(X) = W_0 + W_1 \times X + \varepsilon_2$，其中，$W_0$ 为政府对医疗机构的基础补助，W_1 为政府根据医疗机构的努力程度给予的激励程度，ε_2 为服从标准正太分布的随机影响因素。

（4）医疗机构根据获得的政府补助 W 提供医疗服务，其医疗服务产出为 $Y[W(X)] = Y_0 + \alpha(W_0 + W_1 \times X + \varepsilon_2) + \varepsilon_3$，其中 Y_0 为固定产出，α 为医疗机构的投入产出效率，ε_3 为服从标准正太分布的随机影响因素。

（5）医疗机构在提供努力程度为 X 的医疗服务后，居民会根据医疗机构的服务程度对政府表现给予一定的评估，从而构成了政府部门的收益，即 $U(X) = \beta X + \varepsilon_4$，其中，$\beta$ 表示医疗机构的努力程度给患者带来效用的强烈程度，ε_4 为服从标准正太分布的随机影响因素。

根据上面的假定，医疗机构最终获得的收益为：

$$\Pi_1 = Y[W(x)] - C(X) = Y_0 + \alpha(W_0 + W_1 \times X + \varepsilon_2) + \varepsilon_3 - (C_0 + C_1 \times X^2 + \varepsilon_1)$$

医疗机构的期望收益为：

$$E(\Pi_1) = Y_0 + \alpha(W_0 + W_1 \times X) - (C_0 + C_1 \times X)$$

政府提供财政资金向患者提供医疗服务获得的收益为：

$$\Pi_2 = U(X) - W(X) = \beta X + \varepsilon_3 - (W_0 + W_1 \times X + \varepsilon_2)$$

政府的期望收益为：

$$E(\Pi_2) = \beta X - (W_0 + W_1 \times X)$$

对医疗机构的激励相容即促使上述医疗公式表示的医疗机构的确定性收入不低于其对患者不付出努力的情况下的收入 $W(X = 0) = W_0$，即：

$$E(\Pi_1) = Y_0 + \alpha(W_0 + W_1 \times X) - (C_0 + C_1 \times X^2) \geqslant W_0$$

用公式表示医疗机构的激励相容决策为：

$$\max\{Y_0 + \alpha(W_0 + W_1 \times X + \varepsilon_2) + \varepsilon_3 - (C_0 + C_1 \times X^2 + \varepsilon_1)\}$$

并满足条件：$Y_0 + \alpha(W_0 + W_1 \times X) - (C_0 + C_1 \times X^2) \geqslant W_0$

用上述公式关于 X 求偏导数，得到：

$$\frac{\partial E(\Pi_1)}{\partial X} = \alpha W_1 - 2C_1 \times X$$

令 $\frac{\partial E(\Pi_1)}{\partial X} = 0$，我们可以得到在政府财政奖补激励下，医疗机构的最优策略，即：

$$X = \frac{\alpha W_1}{2C_1}$$

将其代入医疗机构的期望收益公式中，可以得到最优策略下医疗机构的期望收益为：

$$E(\Pi_1) = Y_0 + \alpha(W_0 + W_1 \times X) - (C_0 + C_1 \times X^2)$$

$$= Y_0 + \alpha W_0 - C_0 + \frac{(\alpha W_1)^2}{4C_1}$$

在激励相容条件下，$X = \frac{\alpha W_1}{2C_1}$ 还需要使激励条件得到满足，即：

$$E(\Pi_1) = Y_0 + \alpha W_0 - C_0 + \frac{(\alpha W_1)^2}{4C_1} \geqslant W_0$$

同时，在政府财政奖励方面，在医疗机构选定 $X = \frac{\alpha W_1}{2C_1}$ 作为自己的最优努力程度时，政府从自利的角度出发，也仅仅会刚好提供 $W(X = \frac{\alpha W_1}{2C_1})$ 的财政支出，即：

$$W(X = \frac{\alpha W_1}{2C_1}) = W_0 + W_1 \times \frac{\alpha W_1}{2C_1} = W_0 + \frac{\alpha W_1^2}{2C_1}$$

从求解结果可以看到：在激励相容状态下，医疗机构努力提供医疗服务的水平与政府补助的激励程度 W_1 成正比，与医疗机构的产出水平或效率 α 成正比，与医疗机构的成本控制 C_1 成反比，即政府补偿的激励程度越高，医疗机构的产出效率越高，成本增长速度越低，医疗机构提供的医疗服务越高；相反，政府补偿的激励程度越低，则医疗机构的产出效率越低，成本增长速度越高，医疗服务提供水平越低。因此，为实现政府与医疗机构的激励相容，需要设计一套更好的激励制度，促进医疗机构提升服务水平。

2. 患者与医疗机构的激励相容

假设在医疗机构提供努力程度为 X 的医疗服务后，患者有一定概率对服务程度不满意，并向政府投诉，政府根据患者的投诉对医疗机构进行一定的惩罚。即：

（1）患者对医疗机构服务进行投诉的概率为：$P(X)=\rho X+\varepsilon_5$，其中，$\rho$ 为患者对服务的敏感程度，并满足 $\rho<0$，医疗机构的努力程度越高，患者投诉的概率越低；ε_5 为服从标准正太分布的随机影响因素。

（2）政府对医疗机构的惩罚机制为 S，S 为一个固定值，并且满足 $S\geqslant 0$。

根据这些假定，此时医疗机构的收益变为：

$$\Pi_1=Y[W(x)]-C(X)-P\times S$$
$$=Y_0+\alpha(W_0+W_1\times X+\varepsilon_2)+\varepsilon_3-(C_0+C_1\times X^2+\varepsilon_1)-(\rho X+\varepsilon_5)\times S$$

期望收益为：

$$E(\Pi_1)=Y_0+\alpha(W_0+W_1\times X)-(C_0+C_1\times X^2)-\rho S\times X$$

在此状态下，医疗机构从自利角度出发，其目标仍然是：

$$\max\{Y_0+\alpha(W_0+W_1\times X+\varepsilon_2)+\varepsilon_3-(C_0+C_1\times X^2+\varepsilon_1)-(\rho X+\varepsilon_5)\times S\}$$

通过上述公式关于 X 的求偏导数，得到：

$$\frac{\partial E(\Pi_1)}{\partial X}=\alpha W_1-\rho S-2C_1\times X$$

令 $\frac{\partial E(\Pi_1)}{\partial X}=0$，我们可以得到在政府财政奖补激励下，医疗机构的最优策略，即：

$$X=\frac{\alpha W_1-\rho S}{2C_1}$$

将其代入医疗机构的期望收益公式中，可以得到最优策略下医疗机构的期望收益为：

$$E(\Pi_1)=Y_0+\alpha(W_0+W_1\times X)-(C_0+C_1\times X^2)-\rho S\times X$$

$$=Y_0+\alpha W_0-C_0+\frac{(\alpha W_1-\rho S)^2}{4C_1}$$

在激励相容条件下，$X=\frac{\alpha W_1-\rho S}{2C_1}$ 还需要使激励条件得到满足，即：

$$E(\Pi_1)=Y_0+\alpha W_0-C_0+\frac{(\alpha W_1-\rho S)^2}{4C_1}\geqslant W_0$$

同时，在政府财政奖励方面，在医疗机构选定 $X=\frac{\alpha W_1-\rho S}{2C_1}$ 作为自己的最优努力程度时，政府从自利的角度出发，也只会刚好提供 $W(X=\frac{\alpha W_1-\rho S}{2C_1})$ 的财政支出，即：

$$W(X=\frac{\alpha W_1-\rho S}{2C_1})=W_0+W_1\times\frac{\alpha W_1-\rho S}{2C_1}=W_0+\frac{W_1(\alpha W_1-\rho S)}{2C_1}$$

从求解结果可以看到：在激励相容状态下，医疗机构努力提供医疗服务的水平 $X=\frac{\alpha W_1-\rho S}{2C_1}$ 与政府补助的激励程度 W_1 、医疗机构的产出水平或效率 α 、医疗机构的成本控制 C_1 、患者投诉对医疗服务的反应程度 ρ ，以及政府对医疗机构的处罚力度 S 有关。

对比没有患者投诉和政府处罚机制的情况，由于 $\rho<0$ ，$S\geqslant 0$ ，所以存在投诉和处罚机制时候，医疗机构的努力水平要高于此前没有处罚机制的情况（$X=\frac{\alpha W_1-\rho S}{2C_1}\geqslant\frac{\alpha W_1}{2C_1}$），即患者的监督对医疗机构改进服务有正激励作用。但是对于医疗机构来说，在投诉与处罚机制下，医疗机构的收益要大于此前的情况，即 $E(\Pi_1)=Y_0+\alpha W_0-C_0+\frac{(\alpha W_1-\rho S)^2}{4C_1}\geqslant Y_0+\alpha W_0-C_0+\frac{(\alpha W_1)^2}{4C_1}$，所以自利的医疗机构也更有动力提高其努力程度。

政府支出方面，政府此时的支出 $W(X=\frac{\alpha W_1-\rho S}{2C_1})$ 也要比没有投诉和处罚机制时的支出水平高，即政府以多支出 $\frac{W_1\rho S}{2C_1}$ 换得医疗机构的努力程度增加 $-\frac{\rho S}{2C_1}$。对比在没有投诉和处罚情况下，如果政府增加支出 $\frac{W_1\rho S}{2C_1}$，由于医疗机构的自利行为，并且其最优努力程度与政府的固定奖励 W_0 无关，仅仅与效率 W_1 有关，所以并不能激励医疗机构增加其努力程度。

3. 对政府的激励

通过前文的分析可以看到，政府在充分作为，即针对医疗机构的服务建立相应的激励机制，并建立有效的投诉处罚机制的时候，医疗机构提高其服务的动力更大，但是建立投诉和处罚机制对政府机构来说，需要付出一定的成本，所以同样需要对政府部门建立相应的监管和激励。由于政府机构的公共性质，不能像市场机构一样利用利益最大化来衡量，所以政府机构的激励需要建立内部的激励机制，从政府工作人员的工资、福利等方面入手，建立相应的激励机制，此外，还需要通过加强外部群众的监督，促使政府机构完善相关的监管和处罚机制，以保障医疗机构提供最优的服务。

第七章

医疗卫生保障制度的国际经验

发达国家大多制定了本国医疗保险的组织管理机制、信息系统标准和规范、政策法规、筹资和支付机制等，形成了一套适合本国特色的医保体系，较好地提高了普通居民包括该国流动劳动力医疗卫生服务的可及性。本章选取具有代表性的加拿大、美国、德国、英国，分别分析其医疗保健体系，总结国际经验，以作他山之石，为我国医疗卫生保障制度改革提供经验借鉴，从而提高我国流动劳动力医疗卫生服务可及性。

一、加拿大的全民医疗保健系统

（一）加拿大全民医保的概况

加拿大是世界上实行高福利政策的国家之一，医疗保障制度是加拿大社会保障体系的重要组成部分。该项制度以提高本国国民的健康素质和促进加拿大居民的身心健康为根本宗旨，经过了萌芽期、改革期和发展期三个历史阶段，形成了政府参与、机制完善、资金来源广泛、政策和法律规范完善的医疗保险制度，在促进公民享有基本医疗保障方面取得了较大成就。加拿大医保实行全民免费医疗，政府直接举办医疗保险事业，政府收税后拨款给公立医院，医院直接向居民提供免费服务。住院保险除私人或半私人病房个人付超标准费用外，公众免费享受所有其他基本住院服务。门诊保险除日常性牙科、整容等特需服务以及门诊药品不属于保险项目外，公众免费享受其他基本门诊服务。此外，为提高保障水平，部分省政府对65岁以上老人、政府救助对象等实行“药品保健计划”，规定凡“药品保健计划”对象均可免费享受门诊药品。医保系统融合了卫生、保险和医疗，社会保险和医疗机构实现了整合发展。加拿大公民可以在任何一个地区，去任何一个医院看病。如果居民从一个省迁往另一个省，可直接申请当地的健康保险卡。同时，加拿大有健全的医保政策制度和法律规范，对医保的顺利实施起了指导作用，对我国医保系统的建设也有借鉴意义。

加拿大国家医疗保险由卫生行政部门主管，联邦政府卫生部及各省政府卫生部对卫生事业和医疗保险事业实行一体化管理。联邦政府卫生部作为国家级卫生服务与管理机构负责保障和全面提高加拿大全体国民的健康水平，降低和控制环境因素对人民的有害作用，制定该国医疗卫生业务规划，包括卫生保健、社会福利及医疗保险计划，负责和管理该国医疗保险和社会福利工作。联邦卫生和福利部下设5个司及1个委员会，包括：卫生保健司、医疗服务司、卫生计划司、健康与业余体育活动司、远期卫生规划司和医学研究委员会[①]。省、自治区政府的职责包括管理和提供具体的医疗保健服务项目。对于医疗保障系统中包含的有关医院、家庭医生及其他辅助性卫生保健服务项目的条款，以及药物和公共卫生项目，负责政策的制定和计划、财政预算及项目评估。

（二）加拿大系统互联互通的政策基础

加拿大的医疗保险属于地方政府的保险项目，按照“普及、全面、通

① 李国鸿．加拿大医疗服务体系研究与启示［J］．国外医学（卫生经济分册），2008，25（1）．

行、方便和公众管理”的基本原则，确保人人享有平等的医疗保障[①]。

第一，医保业务制度。加拿大的医疗保健制度分为三个等级。首先，公共医疗保健。这个层次占医疗总支出的比例约为55%，由政府以税收或缴费的方式筹集资金，以财政拨款或专项基金的形式拨付资金，向全体国民免费提供的福利型制度。保障项目包括预防保健、护理康复等高保障水平的卫生健康服务项目。其次，医疗保险计划。该层次所占份额约为30%，由私有保险机构或者政府举办，着重向特定人群提供护理、康复或者免费药品等医疗服务。最后，私人保险。所占份额约为15%，主要指雇主为雇员购买的附加医疗保险，由商业保险公司举办，主要提供牙科、眼科、美容、门诊处方药、保健品、特殊护理和医院单人病房等床位费的专业医疗服务[②]。

第二，组织机构建设。加拿大医疗机构的组织机构包括综合医院、社区医院、地区医院三种类型[③]。联邦政府卫生部、各省（或区）政府卫生部和区域性卫生理事会统一协调管理。联邦政府卫生部负责制定国家的卫生体制原则、卫生政策法规，制定卫生规划，提供医疗卫生预算资金，向省（或区）政府提供现金和税收转账，指导制定制药公司和食品公司等的安全规范，为卫生发展和研究提供技术和资金支持，监督地方政府的医疗服务和资金利用情况等。省（或区）政府卫生部门负责执行卫生法规和政策，同时管理本省（或区）卫生方面的医生评价、机构评审、资金分配和使用、医院规划、处方药治疗、医护质量、针对特定人群的津贴、出诊治

---

① 赴加拿大考察组．加拿大社会保障制度考察报告［J］．发展研究，2002（2）：60—62.

② 唐绎妍．台湾全民健康保险及其对大陆的启示［D］．武汉：武汉科技大学，2007.

③ 李国鸿．加拿大医疗保险模式及其发展评析，《国外医学》卫生经济分册，2005，22（85）：5—11.

疗价格和支付标准等其他事务①。区域性卫生理事会负责协调部门利益，进行执法管理，按照省区政府的计划和规划定期向医院拨款，支付独立行医者的医疗服务费用，制定区域卫生发展规划等②。省（或区）政府是整个医疗保障体系的核心和支柱，它担负着分配卫生资金、控制卫生费用、管理卫生机构和保障卫生服务的重要职责，是连接联邦政府和区域性卫生理事会的枢纽。

第三，信息技术。加拿大医疗保险信息化水平处于世界领先地位，加拿大医保信息化的研究机构是加拿大健康信息研究所（CIHI），由联邦政府、省政府和地方政府共同成立，主要工作是建立卫生数据库、开发医保信息系统、制定医保评价标准、医保信息的收集和分布等③。不同省份都有专门负责地方卫生信息化的专业机构，例如，安大略省卫生与长期医护部（MOHLTC）就通过确定卫生发展战略、采集居民就医数据、确定居民健康指标、制定卫生政策法规、建立医疗数据模型等途径建立起了可持续发展的公共医疗体系④。

第四，信息资源管理。加拿大政府将信息资源视为重要的战略资源，信息管理政策文件必须由联邦政府机构以秘密保护的方式来管理。信息资源管理的主要目的包括促进社会平等，优化信息共享机制；确保创建、获取或维护相关、可靠和完整的信息；将政策、计划和服务提供演变过程中的决定和决策过程进行存档，并确保信息共享时的职责结构化。加拿大于

① 牛钟顺，张晓乙．加拿大医疗保险制度政策分析与改革取向，《国外医学》卫生经济分册，1999，16（62）：64—68.

② 刘文海．加拿大的医疗保障制度及其运作［J］. 中国劳动，2001（2）：47—48.

③ CIHI. Vision and Mandate［EB/OL］.［2014—09—11］. http：//www. cihi. ca/CIHI—ext—portal/internet/EN/Sub—Theme/about＋cihi/vision＋and＋mandate/cihi010703.

④ MOHLTC. Public Information：about the ministry［EB/OL］.［2014—09—1］. http：//www. health. gov. on. ca/en.

1987 年发布了《政府信息集团财政管理》（《*Treasury Board Management of Government Information Holdings*》），2003 年 5 月发布了《政府信息管理政策》（《*Policy on the Management of Government Information*》）等新的政府信息管理政策文件①，依据此文件指导政府的信息管理方针并明确各级政府管理人员的主要责任和义务。

（三）加拿大医保系统的法律规定

第一，《加拿大卫生法》。1984 年，加拿大联邦政府通过了《加拿大医疗保健法》②。《加拿大医疗保健法》与《住院保险与诊断服务法》合并后的《加拿大卫生法》是加拿大政府向各不同层次医疗保险计划提供财政支持的依据③。该法遵循全民性、全面性、可及性、可转移性和公共性等五大原则。该法还包括两个特殊条款和两个条件，两个特殊条款主要是限制病人自掏腰包为医疗服务付费，两个条件是要求省区政府每年向联邦政府报告患者年均付费的总体情况，同时要求省区政府公布联邦政府对其的转移支付。对于未能遵守《加拿大卫生法》要求的，联邦政府可以部分或全部扣压向该省区提供的转移支付资金④。

第二，《魁北克住院保险法》。该法要求医院向被保险人提供合同范围内的免费医疗服务，患者需要自己负担政策规定中不包含的服务项目费用。此类费用可以向私人保险公司申请补偿。在魁北克省，医疗保健保险

---

① Accenture Peport 2005. Leadership in Customer Service: New Expectations, New Experiences. [EB/OL]. [2014－07－13]. http://www.accenture.com/xdoc/ca/locations/canada/insights/studies/leadership_cust.pdf.

② 石光. 四国精神卫生服务体系比较——英国、挪威、加拿大和美国[M]. 北京：人民卫生出版社，2008.

③ 卢驰文. 加拿大基本医疗保险的特点及对我国的启示 [J]. 人才资源开发，2011 (5)：61—62.

④ 路爱国. 加拿大全民医疗体系的建立、运作和调整 [J]. 经济研究参考，2007 (45)：43—59.

覆盖包括跨省迁移的所有居民。各省通过签署跨省协议，解决各省之间在付费方式和保险标准上的差异。因此，一个省的居民可以在其他任何省享受医疗保健保险待遇，对于我国跨地区就医结算具有借鉴意义。在加拿大，国民所需的基本医疗服务项目全部纳入公共医疗保险范围，基本医疗服务完全通过政府提供的医疗保险计划得到满足，私人、商业医疗保险与公共医疗保险形成互补关系，主要提供医学需要之外的医疗健康服务。

第三，信息安全保密规定。2000 年加拿大颁布《个人信息保护和电子文件法》（PIPEDA），全面规定了私营企业在收集、使用和披露个人信息中的行为准则。PIPEDA 为商业化经营的个人征信机构、个人信息供应商、交换个人信息的机构、个人信息使用机构等的活动建立了法律规范。加拿大各省在 PIPEDA 的总体框架下出台了本省的具体安全规定，如安大略省在 2004 年出台了《个人健康信息保护法》（PHIPA），萨斯喀彻温省出台了《健康信息保护法案》（HIPA），亚伯达省出台了《健康信息法案》（HIA），等等。2008 年加拿大出台了《E－Health 法案（个人健康信息获取和隐私保护）》[①]，强调只有在与卫生信息库的建设目的和使用方法相一致时，才能对个人健康信息进行采集和使用；只有在本法案允许的条例或与卫生信息库建设目的一致的情况下，才可对卫生信息库中的个人信息进行发布[②]。加拿大隐私专员办公室（Office of the Privacy Commissioner of Canada）是加拿大联邦的个人信息保护机构。

（四）加拿大系统互联互通的标准规范

信息标准化是建立完善的医疗保险信息网络的基础，能够避免重复建设和信息孤岛的发生，对于改善医疗保险经办管理水平，提高医疗卫生管

---

① BILL 24－2008. E－HEALTH（PERSONAL HEALTH INFORMATION ACCESS AND PROTECTION OF PRIVACY）ACT [EB/OL]. [2014－11－20]. http：//www. leg. bc. ca/38th4th/1st _ read/gov24 －1. htm.

② 许春尧．加拿大个人信息保护法律制度及借鉴 [J]. 韶关学院学报（社会科学版），2008，29（11）：17－20.

理与服务效率有重要作用。

第一，信息编码标准。加拿大信息研究所使用信息编码标准来提高加拿大医疗信息的一致性和准确性。主要包括疾病分类编码（如 ICD－10－CA，CCI，ICF）、病例组合标准（如 CMG，DPG，CACS）、临床数据标准[①]。其中，病例组合标准着重于对患者的临床统计、服务监管等方面。加拿大信息研究所利用这些标准来分析不同类型患者的医疗和服务需求，优化资源组合，有助于医疗机构对服务进行规划和管理。随着信息编码标准的细化，医疗决策范围逐渐增大，数据量逐渐增多，对数据的准确性和有效性提出了更高的要求。加拿大信息研究所为保证信息的及时性和准确性，形成了一整套严格的数据质量标准。

第二，数据质量标准。数据质量对于政策的出台和政策效果的评估起到了至关重要的作用，随着数据量的增加和决策职能的拓展，对数据质量的要求不断提高。加拿大在 2005 年出版了《数据质量框架》，主要包括数据质量周期、数据质量文档、数据质量评估工具等内容，着重介绍了数据质量的评价标准和工具、分析报告的框架、元数据的编制方法等，共包括 5 个维度的 58 个详细指标。该法案自实施以来取得了良好的效果，对医疗保险的数据质量标准起到了规范性作用，在 2009 年进行了修订和完善，对于提高加拿大医疗保险的信息质量发挥了重要作用。

第三，医疗机构信息系统管理标准（MIS）。数据管理是提高数据质量、确保资金安全、加强决策支持的基础和前提，在数据管理和报告标准方面，加拿大信息研究所制定了医疗机构信息系统管理标准（MIS），包括工作量评估、标准化指标和统计账户等内容，主要用于收集、管理医疗机构的临床数据和财务数据等。各省根据本省的特点和居民的需求可制定针对本省的数据管理标准，例如，安大略省就形成了 OHRS（Ontario

---

① CIHI. Standards：classification and coding [EB/OL]. [2014－10－16]. http：//www. cihi. ca/CIHI － ext － portal/internet/EN/Tabbed Content/standards＋and＋data＋submission/standards/classification＋and＋coding/cihi010689.

Healthcare Reporting Standards）标准，主要制定了相关的财务和统计数据的收集和报告框架①。

（五）加拿大全民医保的筹资和支付机制

加拿大的卫生费用主要来源于税收，即省和联邦的个人和法人所得税以及消费税。68.7%的卫生费用由国家公共财政资金（税收）负担，31.3%通过补充保险、雇主负担的津贴或者患者直接自费、私人捐助等方式进行支付。个人缴税包括通过所得税和消费税等方式将资金交给政府、雇主或其他私立保险公司；法人则通过国家医疗保险方案、补充保险和私立保险的方式付费给医疗卫生服务系统和医疗服务提供者（医院和其他卫生服务机构、医生和其他卫生服务人员等）②。

加拿大国民不需要直接向提供医疗服务的医院和医生付费。每年各省卫生管理部门与医生协会进行谈判制定出医疗服务的价格、固定资产支出水平及医院年度总额预算，医院和个体医生接受省政府的一次性付款。医生根据其提供的服务项目的种类和数量收取酬金，个别的医生可能使用其他如工资或合同的收费方式。对于所有包含在全民医疗保障系统中的医疗服务项目，使用者不受具体的医疗费用金额限制，不需要分摊费用，也没有最低免收医疗费用的限制。对于全民医疗保健系统之外的医疗服务项目，使用者要自行付缴费用或通过购买商业保险得以解决，也可以从省区政府申请到一定的经济补贴。

二、美国的市场化医疗保障体系

美国的医疗保障具有高度的市场化特征，是所有发达国家中唯一一个

---

① 袁泉，韩焜，冯煊．加拿大医疗保险信息标准化及其对我国的启示［J］．医学信息学杂志，2012，33（3）：10—27.

② Geogory P. Marchildon，吴迪．转型中的卫生体制：加拿大（2005）［M］．北京：北京大学医学出版社，2007.

没有实行全民医保的国家。美国医疗保障体系以商业健康保险为主，以政府主办公共医疗保险为辅。美国主要由两大类商业医疗保险组织。一是由州政府依照本州法律颁发牌照的医疗保险组织，包括商业医疗保险公司、蓝十字和蓝盾组织及健康维护组织（HMO）；二是受联邦法律管辖的“自有资金雇员医疗保健组织”，即由雇主、雇员组织（工会）或者这两方面共同出资成立的医疗保险机构①。

美国的公共医疗保险是指政府为社会特定人群提供的医疗保障项目，主要包括：（1）医疗照顾计划（Medicare），主要对 65 岁以上的人、未满 65 岁的残疾人和所有晚期肾脏病的居民提供医疗保险，2009 年共有将近 5000 万人参加。（2）医疗救助计划（Medicaid），主要对 5700 多万低收入人群、失业人群和残疾人群等提供程度不等、部分免费的医疗保险服务。（3）儿童医疗保险计划，针对 900 多万没有资格享受医疗救助计划但又需要医疗救助的贫困家庭儿童。（4）联邦雇员保健福利计划，覆盖 800 万联邦全职工作人员及其家属及符合条件的退休人员。此外，联邦政府还直接经营着三个公立医疗系统：军队医疗保健系统（针对全球 920 万美国现役军人及家属）、退伍军人医疗保健系统和印第安人医疗保健系统（针对 100 万印第安人和阿拉斯加少数民族）。

美国通过医疗保险管理信息系统（HIMIS）实现其医疗计划的支付和即时结报，该管理信息系统能实现医疗保险全过程的数字化管理，而且能与医疗机构的信息系统连接，并及时沟通和交换患者的就医信息。该系统除了常规的就医收费和支付管理，还能够进行医疗费用控制、医疗保险需求分析、医疗服务质量监督等多种衍生功能。

（一）完善的信息采集系统

美国的医疗保险以商业健康保险为主，1965 年实行了老年医疗保险计划（Medicare）和穷人医疗救助计划（Medicaid），1997 年设立了州儿童健

---

① 颜清辉．美国医疗保健制度改革的历程和现状［J］．中国医疗保险，2013（4）．

康保险计划（State Children’s Health Insurance Program，SCHIP）[①]。美国拥有完善的医疗保障信息系统，具体包括医疗补助统计信息系统（MSIS）、医疗补助和儿童健康保险预算和支出系统（MBES/CBES）、卫生保健集成总账会计系统（HIGLAS）、电子医疗文件提交系统（ESMD）以及集成数据仓库（IDR）等[②③]。

（二）全面的政策法规文件

美国十分注重个人信息的安全性，2009年美国国会拨款190亿美元制定了“卫生经济和临床医疗信息技术法”（The Health Information Technology for Economic and Clinical Health Act of 2009，简称HITECH Act）。HITECH法案规定了美国国家卫生信息技术协调官办公室（ONC）的职责和目标[④]。1974年隐私法案（Privacy Act）出台，这是美国最重要的一部保护个人信息方面的法律，该法案对政府机构应当如何收集个人信息、个人信息的储存内容、个人信息的主体权利、政府机关的主要义务、民事救济措施等都做出了比较详细的规定。

---

① 卫生部农村卫生管理司，卫生部新型农村合作医疗研究中心．国际社会保障制度及其管理体制研究报告［R］. 2010.

② Medicaid Data Sources — General Information［EB/OL］. http：//www. cms. gov/Research－Statistics－Data－and－Systems/Computer－Data－and－Systems/MedicaidDataSourcesGenInfo/index. html.

③ MacTaggart P，Foster A. Medicaid Statistical Information System（MSIS）：A Data Source for Quality Reporting for Medicaid and the Children's Health Insurance Program（CHIP）［EB/OL］. http：//www. ncbi. nlm. nih. gov/pmc/articles/PMC3070233/？tool＝pubmed.

④ Linn FF. The Health Information Technology for Economic and Clinical Health Act（HITECH Act）：implications for the adoption of health information technology，HIPAA，and privacy and security issues［DB/OL］. http：//www. nixonpeabody. com/publications _ detail3. asp？ID ＝ 2621［2014－11－20］.

(三) 安全的卫生信息化网络

美国建设了多层次的卫生信息化网络（NHIN），2004 年美国提出了建立国家卫生信息网，以建立跨区域和医疗系统的卫生信息通用存取模式，提高卫生信息系统的效率和医疗安全性。美国的医疗信息系统（HIS）分为五类，第一类是放射信息系统（RIS），包括各种放射诊断模式的图像存档、传送系统和远程放射诊断系统，实现了影像的获得、储存、传送、显示和管理的数字化；第二类是门诊专科专用系统（ASS），包括普通诊所、心血管科门诊、精神科门诊及眼科门诊专用信息系统等；第三类是住院专科系统（ACS），包括麻醉科、产科、外科、肿瘤科、急诊部、手术室及重症监护室专用信息系统等；第四类是医院辅助服务信息系统，包括病床管理、出院手续管理、传染控制和消毒管理系统等；第五类是医院管理信息系统，包括医疗质量和事故监控系统、财务预算和收费系统、医疗合同管理系统、决策信息和支持系统、医疗器械和耗材管理系统等。

(四) 便捷的筹资和支付机制

雇主资助商业医疗保险由雇主、雇员组织（工会）或者二者共同出资，也有约 9%的人直接购买商业医疗保险。美国的社会保险税总税率是 7.64%，雇主和雇员各承担一半。医疗照顾制度资金主要来自社会保险税中的 1.45%①。医疗救助基金来源于所得税，由预算确定支出数额。该项基金由联邦政府、州政府和市政府共同负担。其中，联邦政府负担 50%，州政府负担 35%，市政府负担 15%。儿童医疗保险计划由联邦政府提供主要资金、各州政府负责配套资金。联邦雇员保健福利计划的保费 70%由联邦政府承担，其余部分由个人缴纳。三个公立医疗系统由联邦政府直接经营，纳入财政预算。

联邦政府建立医师制度，以临床路径为基础制定医疗规范，并在此基

---

① 卢祖洵．社会医疗保险学［M］．北京：人民卫生出版社，2012.

础上实行了人次付费和病种 DRGs 的结算方式，具体表现为根据诊断、年龄、性别、疗效等要素将病人分为若干组，每组又依据疾病的轻重程度划分若干级，对每一组不同的级别制定适宜的标准偿付费用。同时也实行工资制支付方式，对医生业绩进行评估，医生收入与用药及治疗不直接挂钩①。此外，由于商业医疗保险的推动，保险组织对医院的支付方式还有费用相加制、比例预算制和按日补偿等。

三、德国的社会保险模式

（一）医疗保障体系概况

德国是社会保险模式最典型的代表。1883 年俾斯麦时期的德国国会通过了《疾病保险法》（*Sickness Insurance Act*），以此建立起全球第一个法定社会医疗保险制度。德国的医疗保险制度是以强制性的法定医疗保险为主、自愿性的私人保险为辅的医疗保险体系。所有可取得收入的人群和其他特定的群体（如失业者、退休金领取者、农民、学生、艺术家、残疾人）必须参加法定医疗保险以抵御疾病风险。该保险不以风险因素计算保费，除个别职业类型外，凡是年收入在参加法定义务保险限额之下的公民均有义务参加②。法定医疗保险参保者的家庭成员（无工作的配偶及其子女）不需要缴纳额外费用即可一起享受医疗保险的各种待遇。收入超过限额者则可以自由选择参加法定疾病保险或私人疾病保险。私人医疗保险是法定医疗保险机构的补充，主要为收入超过法定医疗保险义务投保界限并自愿加入其中的高收入者、自雇者以及相关公务人员等少数人群提供全覆盖、基本或补充的医疗保险。从德国目前医疗保险的覆盖范围来看，法定疾病保险将近覆盖了其总人口的 88%，其中 74%是强制性参保者及其家

---

① 邓大松，赵奕钧．美国医疗保险模式对我国医疗保险制度的启示［J］．上海经济，2013（Z1）．

② 丁纯．德国医疗保障制度：现状、问题与改革［J］．欧洲研究，2007（6）．

属，其他14%为自愿参保者及其家属。9%的人参加了私人医疗保险，2%的人由免费政府卫生保健体系覆盖（如警察、士兵、服兵役者以及其他享受社会福利者），仅有0.2%的人未参加任何保险①。

（二）组织管理

德国联邦卫生部成立于1961年，1969年与联邦家庭及青年部合并为联邦青年、家庭及卫生部。1991年，政府恢复联邦卫生部。后来，德国政府逐渐认识到现行卫生部门的局限性，以及医疗服务和医疗保障脱节带来的挑战。通过卫生和社会事务部等形式统筹管理医疗服务和医疗保障两项核心职能，借此有序规划卫生筹资和支出。因此，于2002年将卫生部纳入原劳工和社会事务部的社会保障部，改名为联邦卫生及社会安全部。为更好地独立执行卫生管理职能，2005年德国政府再次进行改革，将社会事务与医保管理职能分离，联邦卫生及社会安全部名称恢复为联邦卫生部，负责起草法定医保和护理保险相关法律，并依法进行监督管理，全面主管卫生事务。而劳动和社会事务部（BMA）则负责除医疗保险外的其他社会保险事务，包括社会政策和经济、社会保障、法定养老保险制度、社会包容、劳工市场、弱势群体就业和培训等②。联邦卫生部的具体职责主要有：维持法定医疗保险和长期照护保险制度的有效性和效率；维持和提高保健制度的品质；维护病患利益；预防措施和预防保健；《传染病防治法》的实施；建立制造、临床试验、批准、销售通路、药品及医疗器材监控的指导方针。联邦卫生部对于联邦药品及医疗器材研究院、联邦健康教育中心、德国医学文献及资讯研究院、保罗·埃利赫研究院、罗伯·柯霍研究院等政府机构负有监督责任。为进一步提高卫生服务和卫生管理的效能，2007年，联邦卫生部进行了重大的医疗改革，提高了医疗保健系统的质量和效率，在很大程度上维护了患者的利益，提高了民众对疾病预防的认

---

① 帅李娜．德国医疗保障制度评析及启示［J］．管理学研究，2013（3）．

② 德国劳工和社会事务部官方网站：http：//www. bmas. de/EN/Ministry/functions. html.

识，提出了有关妇女和儿童健康的举措，实施了艾滋病控制策略。2008年，联邦卫生部采取了一系列措施，旨在帮助消除护理设施中的质量缺陷。

（三）筹资机制

德国医疗保健资金筹集和偿付的主体由公共和私人组成，具体包括两方面和四大部分，即公共的法定保险、政府税收，以及私人保险公司、私人及雇主所成立的私人组织。具体来看，一是通过雇主和雇员的社会保障缴费，经由法定疾病、护理、养老、事故保险，再分配给医院、医生或流向药品等。二是联邦和州政府将民众缴纳的一般税，投向公共卫生和医院设施建设，同时再给法定社会保险注资。三是私人医疗保险公司利用投保者缴纳的保费支付医生、医院和药品的费用，并依据合同，给患者发放病休补助金。四是未参加保险的私人自付医疗医药费用，或参加的患者按比例共付药品等的费用。

由德国联邦卫生部的统计可以看出，德国医疗保健资金筹资具有以下特点：一是公共资金尤其是法定社会保险资金占有主导地位，体现了其保险制度的社会性和强制性；二是来自政府预算的资金只相当于政府筹资的十分之一，表明德国政府只起了辅助和调节的作用，大部分资金来自社会保险，这也是德国医疗费用支出不断增长的原因；三是相对于美国和其他发达国家，德国的私人自费缴付医疗服务和医疗费用的比例和开支水平较低。

（四）支付制度

在德国，由法定医疗保险负责对医疗机构、门诊医师和药品进行支付。德国引入澳大利亚付费系统并结合国内医疗服务情况进行调整，据此来对医疗机构进行支付。对于门诊医师，德国医疗机构、护理和其他类型康复机构的卫生专业技术人员属于政府雇员，其工资收入作为医疗机构运营成本的一部分由所在单位负责发放。法定医疗保险疾病基金对门诊医师的医疗服务补偿一般按服务项目付费，但疾病基金并不直接向开业医师支付费用，而是通过医师协会来支付。对于药品，德国医疗服务体系实行医药分离制度，病人可根据医师处方到任意一家药店取药，疾病基金在审核药品费用清单后对药店进行费用补偿。为了控制药品费用，德国从药品需求和供给两方面入手，在需求层面，主要包括药品费用共付制度、替代药品制度、药品平行进口制度、法定医疗保险药品覆盖目录、医师行为指导、药品费用总额预算制度等；在药品供给层面，包括参考价格制度、药品折扣制度等。

四、英国的全科医生保障制度

（一）医疗保障体系

英国实行国家卫生服务体系（National Health System，NHS），即政府通过税收筹集资金，直接举办医疗机构或购买私人医疗服务的政府主导型的医疗保障模式，是世界上第一个建立典型的全民医疗保障制度的国家。英国主要实行三大网络式医疗保障供给架构，由全科医生提供初级医疗服务；由专科医生承担专科和住院医疗等二、三级医疗服务；地方卫生管理机构联合社保部门和全民医疗服务体系的医务人员负责公共卫生保健和社区医疗服务。国家是医疗保健和医疗保障体系的绝对主管和调控者；私人医疗保健和保险提供者提供的私营性医疗保健服务和保险的比重很小①。

（二）组织机构设置

英国尝试由国家提供卫生服务、建立覆盖全民卫生服务体系的历史可以追溯到19世纪，英国卫生部于1919年根据卫生部法创建。1920年，卫生部下属的咨询委员会主张在众多分散的医疗保健当局和保健中心的基础上，建立一个统一的制度，根据社区的需要配置卫生资源，为所有的公民

---

① 丁纯著．世界主要医疗保障制度模式绩效比较［M］．上海：复旦大学出版社，2009（8）．

提供卫生服务。1942 年英国公布了统一卫生服务制度的草案，1945 年，卫生部部长正式制定了《国家卫生服务法》，并于 1948 年在全国实施。1968 年，卫生部被解散，其职能转移至新设立的健康和社会保障部（DHSS）。1988 年，健康和社会保障部被分割到两个政府部门，形成社会保障部（DSS）和卫生部，卫生部是一个部级部门，由 24 个机构支持。卫生部的主要职责包括公共健康、国家卫生、社会保障、公共安全和紧急救援[①]。2001 年社会保障部改组为就业与养老金部，由 13 个机构和公共机构支持，主要负责社会福利和养老政策、创建灵活的劳动力市场、保护雇员的权利、增加就业服务、参与就业政策和国际问题、老年等弱势群体支持等[②]。

英国的组织机构呈现出层次分明、职能明晰、分工合理、效率优化的特征，分别设置有卫生部、NHS、NHS 信息中心、NHS 健康中心、术语中心及 HL7 UK 等机构。卫生部通过与英国商业医药部、药品和保健品管理局、健康和社会医疗信息中心、NHS 设备委员会、NHS 健康服务事务局、NHS 创新与改革研究院、非政府部门的公共机构等进行合作，负责英国医疗和社会保健事务以及国民健康服务的政策制定。NHS 隶属于国家卫生部，分为初级保健和二级保健，为英国居民提供全方位医疗服务；NHS 信息中心负责收集和发布全国医疗和社会保健的数据，为政府决策和医疗改革提供数据支持；NHS 健康中心以实现电子医疗为目标，负责国家层面卫生信息技术项目的实施；术语中心负责卫生术语产品和临床分类的编码和管理工作；HL7 UK 是非营利性组织，负责标准的制定、发展和推进工作，以提高卫生保健服务的效率。

（三）法律规范

英国政府制定了一系列的政策法规来维护医疗卫生系统的高效运转。

---

① https：//www. gov. uk/government/organisations/department－of－health.

② https：//www. gov. uk/government/organisations/department－for－work－pensions.

具体内容包括信息管理、信息安全、数据质量、信息支持等全方位的政策措施，如2010年发布的《NHS信息管理指南》明确规定了信息管理的通用方法。2007年发布的《NHS信息管理——法律和专业责任指南》主要是针对信息的法律和专业责任方面的指导。《信息安全管理：NHS实施规程》专注于信息安全的方法和实践标准，是信息管理标准的实践安全手册。《国家卫生服务制度的信息监管》列举了卫生部卫生信息监管方面的法律法规，并对每部分进行了解释说明[①]。《国家卫生服务制度信息质量保证战略》提出了提高信息质量的相关要求。

（四）筹资机制

英国医疗费用筹资主体主要有公共医疗保障方面的全民医疗服务体系、私人医疗保险和私人直接付费，分别通过税收、保费和私人自费三大渠道筹集。全民医疗服务体系是主要的筹资主体，主要通过一般税的形式统一筹资、辅之以资本收益积累的主渠道，公民以纳税人的身份向政府缴纳一般税；同时以雇主、雇员的身份向政府缴纳类似工资税的社会保险费。私人医疗保险则由参加私人医疗保险的投保人依照私人保险公司按风险定价原则定出的保费标准，缴纳保费给私人保险公司。私人直接自费的筹资来源主要是自己的收入。医疗服务的提供由政府运用公共资金直接开设医疗机构、购置医疗设备、聘用义务人员等。

（五）支付制度

在全民医疗服务体系下，卫生部制定用于全民医疗保险的预算，再通过卫生部及其下属的地方卫生管理机构，分配和流向初级全科医生的医疗服务，二、三级医院诊疗服务，社区和公共卫生服务以及提供处方药品的药剂师。政府运用预算资金向卫生服务和药品等的供给者直接采购、支付；患者可基本免费获得医疗服务，与医疗提供者间没有直接现金偿付关系。私人医疗保险的支付渠道主要是通过给予投保人就诊的公立和私立医

---

① Department of Health, UK. NHS Information Governance [Z]. September, 2007.

院费用补偿的方式；私人直接自费一般是私人运用自己收入支付在私人医院享受的医疗服务费用，或者公立医院的豪华服务费用等，自费通常占全民医疗体系收益的很少部分。

第八章

提高流动劳动力医疗卫生服务可及性的政策建议

通过对流动劳动力医疗卫生服务现状和特征的分析，了解了流动劳动力异地就医的现状、存在问题和影响因素；结合国外先进经验，从技术、制度、供给和环境视角分析了即时结报、转移接续、社会办医和激励相容在提高流动劳动力医疗卫生服务可及性上的目标、作用、实现机制和路径，从政策制定角度可以有如下建议。

一、提高流动劳动力医疗卫生服务可及性的途径

1. 实现异地就医即时结报是提高流动劳动力医疗卫生服务可及性的突破口，是医疗服务改革与发展的趋势

在户籍地就医更有可能实现即时结报，省内流动的劳动力比跨省流动劳动力更有可能实现即时结报；医院级别越高，报销比例越低；家庭收入越高，异地就医比例越高，即时结报的发生比例越小。

内蒙古呼和浩特市已经实现了与北京大学人民医院的即时结报，通过住院申请、转诊审批、入院登记、住院治疗、出院预结算和结算、医院垫付资金回款等程序，实现了新农合患者的异地就医即时结报。

建立多方参与、利益均沾的管理和协调沟通机制是确保跨省即时结报

公平性、可行性和可操作性的前提；建立地区有别、适度分档的资金补偿机制是跨省即时结报财务可持续的关键；建立收支平衡、专款专用的基金划拨机制是确保跨省即时结报资金安全和及时划转的有力保障；建立多方参与、管办分离的监督检查机制是确保新农合跨省即时结报和流动劳动力合法享有跨省医疗保障的外在压力和运行保障；建立奖优惩劣、风险共担的激励约束机制是跨省即时结报持续运行的内在动力源泉。

即时结报包括八种不同的结算模式，即省级平台审核，县级经办机构结算模式；县级经办机构审核并结算模式；异地医保部门结算模式；省级联网结算模式；医院与统筹地区签订协议模式；建立结算中心模式；建立虚拟结算中心模式；商业保险参与模式。

2. 医保转移接续是社会保障制度设计的重点内容，应依照自主自愿、分步实施、财务可持续和信息化建设的原则，实现医保地区间、城乡间、类别间的便捷转移和顺畅接续

医保转移接续包括区域内跨制度、制度内跨区域和区域间跨制度共 12 种转移接续类型。

医保转移接续的实践探索包括多种形式。卫生局并入人社局管理（安徽铜陵市），人社局并入卫生局管理（安徽肥西县），新成立部门管理（安徽界首市），保险公司参与经办模式（浙江嘉兴市），每种模式各有优劣，关键是做到顶层设计、制度整合、信息系统整合、数据标准整合和网络整合。

要按照以人为本、分步实施、量力而行和信息先行的原则，充分发挥政府、医疗保险机构、参保者和医疗服务提供者等参与要素的积极性，实现医保转移接续制度的可持续战略规划。

3. 社会力量参与医疗服务供给是医疗服务改革与发展的趋势，是提高医疗卫生服务供给侧效率，促进医疗卫生服务可及性的有效途径

民营医院数量快速增加，但服务提供能力不足，规模较小。截至 2013 年末，我国民营医院 1.13 万家，公立医院 1.34 万家，民营医院占医院总数的 45.8%，但民营医院床位数占所有医院床位数的 15.6%。诊疗人次是

医院总数的10.6%，入院人数占总入院人数的12.1%。

医疗卫生服务效率亟待优化。公立医院存在政府投入不足、投入结构不合理、激励约束机制有待理顺、行政化的政府监管运行效率不高、资源配置不合理等问题。

投资主体包括风险投资、私募股权投资（VC/PE）、上市公司、产业资本、外资医疗集团和国内医疗集团五种。风险投资、私募股权投资可投资于私立专科连锁医院；上市公司拥有雄厚的资金实力和专业的管理经验，可投资于综合性医院；产业资本由于具有资金量大、投资期限长等特点，可以投资具有高质量需求的高端医疗产业；外资和国内医疗集团既可投资综合性的医院，也可投资于专科医院。

社会办医的融资渠道包括直接融资、间接融资和中间融资。直接融资包括股权融资、发行债券、融资租赁、私募融资四种；间接融资主要是银行贷款，分为国内银行贷款、外国政府贷款和国际机构贷款三类；中间融资包括 PPP 公私合作模式、建设—经营—移交模式（BOT）、投资—运营—移交模式（IOT）、资产证券化和夹层融资。

4. 完善既定目标下的制度安排，实现政府、医疗机构与流动劳动力之间的最优资源配置和激励相容

医疗卫生服务可及性中的委托代理关系、非对称信息是运用激励相容的特质，应坚持利益共荣和优化机制的原则实现激励相容。

医疗卫生服务可及性是基于一定的约束条件、博弈主体信息不对称、资源配置不均衡等情况下实现既定目标的制度安排。经济环境、配置机制、自利行为和社会目标是实现激励相容的重要内容。

医疗卫生服务可及性的激励相容包括政府与医疗机构的激励相容、患者与医疗机构的激励相容和对政府的激励。

患者的监督、政府投诉与处罚机制的建立有助于医疗机构改进服务质量，政府补助的激励程度越高，对医疗机构提高医疗服务水平的正向激励程度越高。

二、提高流动劳动力医疗卫生服务可及性的政策建议

（一）完善法规制度建设，规范运行机制

健全医保法规和条例。健全的立法是医疗保障制度正常运行的基本保证。在各国立法中，明确规定了公民获得社会资源的平等权利，界定了各级政府与机构在医疗保障管理上的责任和义务，并且每一项医疗保障计划都有相应的法律支持。法律是保障制度可持续发展的有效措施，随着全国医疗保障制度立法进程的推进，各地应积极出台相应地方性法规，健全医疗保障法规和条例，确保医疗保障制度有法可依，避免出现制度实施过程中的随意性行为和违规行为等“法规真空”的现象，同时建立法律规范，明确政府管理部门、定点医疗机构和流动劳动力的责任范围，形成各方互动的良性运行机制①，提高医疗保障制度的权威性，以确保居民在平等的原则下享受全民医疗待遇，使基本医疗保险惠及所有符合的居民②。

出台跨省就医即时结报政策措施。即时结报功能的实现在技术层面已成熟，目前亟须明确的政策法规细则作为开展跨省就医即时结报的政策依据。因此，需要国家相关管理部门出台相关指导意见或管理办法，指导各省、统筹地区以及医院逐层次推进跨省就医管理工作的开展③。完善就业和收入分配制度，改善流动劳动力的待遇和生活条件④；建立健全流动劳动力的医疗保障和医疗救助制度，减轻流动劳动力的医疗费用负担，保障

---

① 夏迎秋，景鑫亮，王昊昀．可持续发展视角下的新型农村合作医疗制度建设的思考 [J]. 中国农村卫生事业管理，2010，30（1）：9—11.

② 刘苓玲．加拿大全民健康保险模式对我国社会医疗保险体制改革的启示 [J]. 经济与管理研究，2006（7）：77—80.

③ 宋鲁霞，冷世尧．省内医保异地即时结算的瓶颈与对策研究 [J]. 卫生经济研究，2011（5）：30—31.

④ 仇叶龙，韩优莉，李曈，等．北京市建立流动人口医疗保险制度的可行性分析 [J]. 中国社会医学杂志，2012，29（6）：429—431.

流动劳动力的基本医疗和卫生保健服务的需要；加快城镇居民医保与新农合医保的并轨，在医保政策上促进农业转移人口市民化。

统一报销标准。标准化是信息交换传播和资源共享的根本保障，国际发达国家都根据本国医保模式建立了适合本国的共享模式和标准规范。全国各统筹地区的新农合管理部门都制定了适合本地实际情况的报销补偿政策，但从全国总体来看普遍存在报销补偿标准不统一、报销目录杂乱的现象。我国应从国家层面出台相关制度和规章，对各部门和机构实行统一协调和管理，以形成医疗信息系统的统一标准。同时制定政策规范报销补偿标准、统一药品报销目录和服务项目目录①，避免信息孤岛情况的发生，最大限度地发挥业务部门的协同能力，提高卫生信息化的应用价值②，为实现跨省就医即时结报奠定政策基础。另外，各省建立统一的异地就医数据交换机制，统一数据交换标准，切实解决异地就医的体制机制问题③。

（二）理顺医保管理体制，做到分工有序、各负其责

转变政府职能。医保管理体制改革是我国医药卫生体制改革的重要内容，医保制度、医疗服务体系和药品供应体系改革三者相互影响、密不可分。要确定合理的监管体制，完善制度目标，明确各部门的权、责、利，相互制约，转变政府职能，提高政府服务效率④。医保管理体制改革应遵循医药卫生事业的发展规律，应有助于医药卫生体制改革的整体推进和协调发展。

理顺管理体制。目前我国医疗保障制度涉及部门较多，业务系统繁

---

① 肖云昌，洪鹰，章蕾，等．新型农村合作医疗城市定点医疗机构即时结报研究 [J]. 卫生经济研究，2009（5）：8—13.

② 栾国春．NHS信息化变革对我国医药卫生信息化的启示 [J]. 信息化建设，2012（9）：60—62.

③ 王同海，张德利．医疗保险异地就医管理的难点与对策 [J]. 劳动保障世界，2008（6）：42—43.

④ 李小芡，马旭升，汤质如，方桂霞．新农合可持续发展的主要困境与对策研究 [J]. 中国农村卫生事业管理，2014，34（4）：361—363.

杂，体系结构比较单一，层次性不足，制度之间的衔接不明显，不能满足不同层次的医疗服务需要①。应借鉴加拿大社保制度的多样性设计，使所有人都有获得医疗服务的同等机会，既能保障大部分人的社会保障，又能满足特殊需求人的就医需求，建立一个由政府主导的、信息部门负责的、专业机构参与的、覆盖全民的、一体化的医疗卫生体制②，实现区域卫生信息联动的工作机制和制度安排。

界定政府与市场的职责。我国人口基数大、地域经济发展不平衡、医疗机构参差不齐，所以需要在卫生行政部门统一指导下，调动多方力量，密切配合、部署和指导，明确界定政府责任范围，划清中央政府与地方政府的责任关系，科学界定政府和市场在医疗保险信息化方面的责任和地位，创建一套符合我国发展特色的卫生信息系统管理模式，同时转变政府职能，有效建立更科学、更高效、更完善的医保管理制度。

（三）整合医疗资源，实现信息共享

整合医疗资源。各国经验显示，充分整合不同部门和地区的医疗卫生资源，建立全国性的医疗卫生系统是提高卫生行业覆盖率、共享度和利用率的关键。我国应该立足于本国实际，抓住医药卫生体制改革契机，整合医保、医疗、公共卫生、医药信息等重点卫生领域，按照先试点后推广的原则，充分实现医疗资源的整合。

实现信息共享。实现各级各类医疗机构之间的信息共享，明确信息共享的权利、责任和流程，确保转诊信息畅通，促进跨地域、跨机构就诊信息共享。探索建立基层首诊、双向转诊、上下联动的分级诊疗模式，设立跨部门的数据共享管理协调机构，建立互通、共享、共管的信息监测系统平台，更好地实现数据的共享和互联互通。借助移动互联网、物联网、云

① 仇雨临．加拿大社会保障制度对中国的启示［J］．中国人民大学学报，2004（1）：57—63．

② 周向红，吴昀桥．加拿大医疗保障体系及其对我国的启示［J］．中共浙江省委党校学报，2007（2）：58—63．

计算、可穿戴设备、健康大数据等新兴技术解决卫生服务的时间与空间局限性，促进卫生服务资源的纵向流动。

培养专业的医疗卫生人才。目前我国虽然参与医疗保障事业的人员数量不断增多，但是医疗服务人才的整体水平还有待提高，专业技术人员尤其是中高级技术人员偏少。加拿大主要通过社会工作教育的方式来培养既有公平、公正和正义价值理念，又具有责任心和专业技能的专业人才，以保证医疗保障制度的实施效果。因此，我国应该加大专业院校的发展力度，定期举办各类培训和加强与专业机构的合作，建立科学的人才培养机制，形成专业化、高水平的医疗服务团队，培养一批既具有医学专业知识，又兼具信息技术和管理能力的专业人才，积极从各渠道吸纳人才，充实卫生专业人才队伍。

（四）适度提高统筹层次，改革支付方式

提高统筹层次。我国目前有2700多个县级统筹地区，各地区间的医保政策和管理办法千差万别，对实现跨省就医即时结报带来了挑战。决定流动劳动力获得补偿的基础是筹资水平，是决定流动劳动力获得补偿的关键因素，我国普遍存在统筹层次低、筹资机制不健全的现象。因此，应该根据当地经济发展水平、卫生体制改革进程、流动劳动力收入状况建立流动劳动力动态缴费机制，不断提高筹资水平，适度提高统筹层次，将县级统筹提高至市级统筹甚至省级统筹，减少地区间的政策差异，使筹资水平与保障水平相衔接，做到全国医保一盘棋，实现垂直领导、统一收支、统一管理，提高中央和当地政府的补助力度，增加基金总额，逐步提高补偿报销比例，减轻流动劳动力的看病就医负担，理顺资金补偿机制[①]。合管办实现与定点医疗机构的资金往来，缩短医疗机构资金的回款期限，建立合

---

① 郭振宗．加快建立新型农村合作医疗长效机制问题探讨［J］．中国卫生事业管理，2008（3）：191—192．

理的基金划拨机制①，从根本上减少医保待遇的不公平性。

改革支付方式。采取措施加大对医疗机构投入的财政激励，解决医疗费用过高、医疗服务质量差的问题②。另外，通过改变支付方式来提高卫生服务质量，如预付制实行对费用总额的控制，往往会出现服务质量降低的问题，而按服务项目付费虽然会诱导需求增加服务数量，却有利于提高服务质量。因此，不同的支付方式对服务提供方会产生不同的激励和约束。经验表明，预付制对于选择最佳的服务，提高效率，控制医疗费用方面具有明显优势，而后付制在提高可及性、降低提供者经济风险、避免逆向选择、提高服务质量等方面优于预付制。

（五）建立奖惩机制，提高医疗机构积极性

建立奖惩机制。各省市定点医疗机构应积极开展医疗服务质量评价活动，建立评价体制机制，管理部门实现对定点医疗机构的动态管理，制定医疗质量控制和服务评价体系，定期抽查并公布检查结果，为群众搭建顺畅的意见反馈渠道，对于业务开展良好的单位给予表彰和奖励，对于未能按要求进行服务提供的医疗机构进行通报批评，严重的可取消其定点医疗机构资格③。

提高资金补偿效率。即时结报的垫付款占用了定点医疗机构的大量资金，对其正常的医疗服务产生了一定影响。简化异地就医结算程序，提高医疗机构工作效率，以上年度流动劳动力补偿数据为基础测算统筹地区在定点医疗机构住院累计补偿费用，并以月均补偿费用为标准，预付给定点

---

① 张磊，张颖，刘孟子，等．省级医院新农合住院费用即时结报中的问题及对策［J］．卫生经济研究，2013（9）：53—54.

② 张春红，李淼，陈莉，等．新型农村合作医疗患者住院医疗费用即时结报中存在的问题及对策分析［J］．中国初级卫生保健，2011，25（1）：30—32.

③ 郭伟芳，叶成华，朱广法，等．吉林省新农合省级定点医疗机构即时结算报销模式及相关对策研究［J］．中国农村卫生事业管理，2009，29（4）：252—253.

医疗机构一定费用[①]。缩短医疗机构垫付资金的回款周期，对医保管理部门无故不按期回拨补偿款的，须向定点医疗机构按比例支付一定的滞纳金。完善医疗机构的绩效考核制度，提高医疗卫生服务的质量和效率。

（六）建立异地就医省级管理平台，提高信息化水平

建立省级平台。完善新农合信息系统是开展新农合即时结报的前提条件，实现新农合跨省就医即时结报，需要以省为单位建立医保管理平台，规范统一医疗机构名称代码、药品名称、疾病名称和医疗服务项目名称，统一报销政策[②]，避免每个区县建设新农合网络平台，方便医院即时结报，减少定点医疗机构与各地医保管理部门的协调沟通成本。

提高信息化水平。党的十八大报告中明确提出了信息化作为我国“四化”发展目标的重要内容，可见信息化已经成为推动我国持续快速发展的有效动力和发展方向。同时，国务院办公厅印发的《全国医疗卫生服务体系规划纲要（2015—2020年）》（国办发〔2015〕14号）中也提出要积极利用云计算、物联网、移动互联网和大数据等信息化技术优化医疗卫生服务和管理模式。信息的准确和高效是提高新农合信息化水平的前提，中央及地方政府应加大资金投入，改善新农合信息系统软硬件设备，避免因硬件设备等外在原因影响了工作效率和参合人员的积极性[③]。同时加大网络的安全性配置和专网专线，统一各地信息系统建设，配备专业技术过硬、责任心强的技术人员，确保医院信息和患者病情隐私的保护[④]。

---

① 张付正．开展新农合即时结报的实践与体会［J］．卫生经济研究，2012（2）：37—39.

② 刘华．推进异地就医即时结算　提高医保服务水平［J］．经济师，2013（12）：93—95.

③ 李磊，张颖，刘孟子，等．省级医院新农合住院费用即时结报中的问题及对策［J］．卫生经济研究，2013（9）：53—54.

④ 夏锦萍．安徽省新农合即时结算报销问题与对策研究［D］．合肥：安徽大学，2011.

（七）完善新农合跨地区转移接续，促进流动劳动力异地就医

建立以社区为主体的综合性医疗卫生服务提供模式。应将流动劳动力纳入城市人口健康管理范围，以社区卫生服务机构为提供主体，对流动劳动力提供综合性医疗卫生服务[①]。医疗方面，对流动劳动力在社区就医给予一定的优惠政策，适当延长社区卫生服务的时间，为流动劳动力及时和便捷就医提供帮助。公共卫生方面，充分发挥社区医疗卫生机构的作用，做好流动劳动力登记管理、基本公共卫生服务项目等工作的同时，加强对流动劳动力的健康知识宣教，提高其健康保健意识[②]，将预防工作真正落实到社区中。

着眼系统思维，优化流动劳动力医疗服务需求。解决流动劳动力医疗卫生服务可及性问题要具有系统性思维，要结合公共医疗资源的均等化配置改革，建立分级诊疗的有机结构，引导农民在户籍所在地就近就医，降低流动劳动力异地就医成本。按照以人为本的要求，大幅度提高基本公共服务的均等化，特别是社会保障体系的包容性，提高中小城镇的凝聚力，实现农业转移人口市民化，减少流动劳动力向大城市的过度聚集，同时完善教育、医疗、就业、养老等配套公共服务，尤其是基本医疗保障体系，既降低流动劳动力流动程度，客观上有利于优化流动劳动力异地就医需求，形成更加合理的医疗服务供给和需求平衡，从而提升流动劳动力卫生服务的可及性。加快推进医保异地结算，是消除医疗地域歧视及保障流动劳动力及时就医和充分享受医保待遇的有力措施，是推动新型城镇化的必要环节，应当引起地方政府的足够重视。应当完善跨地区之间医保的转移接续制度，提高医保的“可携带性”，避免重复参保。

---

① 戴佳慧．上海市流动人口卫生服务利用状况研究［D］．上海：复旦大学，2008.

② 周海清，高丹丹，常文虎，等．北京市某区流动人口卫生服务需求及利用的调查研究［J］．中国全科医学，2011，14（4）：373—376.

（八）以市场化运作和政府创造条件相结合的原则确保社会办医长期可持续运行

制定准入门槛细则。划清政府和市场在医疗卫生发展中的责任边界，政府在基本医疗领域发挥主导作用，其他区域实行市场化运作。政府要增强区域卫生规划的执行力度，做好对资源供给不足领域的增量配置，同时对于资源过剩领域，做好存量的整合和管理。严格控制公立医院的数量和规模，探索社会资本参与公立医院的发展，鼓励民营医院与公立医院合作发展路径①。通过资源整合、连锁经营、托管共建等方式组建高质量的大型医疗集团②。

配套制度上实行国民待遇。土地政策方面，非公立医疗机构与公立医疗机构共同盘活存量土地，将社会办医用地纳入地区土地利用总体规划，合理安排用地需求。人才方面，以推动人才自由流动为目标，继续推动卫生人事制度改革，出台鼓励医师多点执业的政策细则，引导优质医务人员到社会办医院工作，鼓励医务人员在公立医院和社会办医院之间流动③，从改革卫生人事制度、健全法律法规等方面着手，在具体职称评定、科研经费、养老保险等方面给予政策扶持，促进优质医师资源“下沉”和必要的人才自由流动④。探索开展医师多点执业团队，将业务科室、行政科室等整体进行打包，放宽对中级职称医师的限制。税收政策方面，对社会办医疗机构实行退税优惠政策，适当降低营利性民营医院的企业所得税率。其他如用电、用气、用水等方面与公立医院同等对待，在医保定点审批和

---

① 王春，刘艳．社会办医机构发展困境及路径研究［J］．卫生经济研究，2013（12）：12—14.

② 刘洋，高国顺．鼓励社会资本举办医疗机构政策探析［J］．中国卫生政策研究，2011（4）：43—47.

③ 黄二丹，王书平．我国医改以来社会办医的进展与挑战［J］．中国卫生政策研究，2013（9）：47—51.

④ 房珊杉，刘国恩，高晨．昆明：医师“多点执业”探路［J］．中国社会保障，2011（10）：78—79.

管理上与公立医疗机构采用相同程序和标准，使医保定点成为激励社会资本办医的推动力。

创新多种融资模式。加大对金融支持社会办医的支持力度，对社会办医贷款利息进行贴息补贴，拓宽机构的融资渠道，鼓励以股权投资、抵押贷款、项目融资等方式筹集社会办医资金，建立社会办医担保基金和地方性医疗机构融资平台①。积极引导金融机构在防范风险的前提下，发放支持社会办医贷款的相关流程和手续，并不断探索和开发社会办医融资模式和产品种类②。

完善社会办医退出机制。市场化运作方式必然导致资源的优胜劣汰，在允许民营医院公平地和公立医院竞争的环境下，政府要确保市场化运作平稳运行和保障市场化后淘汰部分的医疗服务需求。使优质患者享受到高端医疗服务的同时，通过医疗保障、政策性保险、养老等帮助消化解决弱势贫穷患者的医疗需求。完善相关的卫生法律和规定，对于社会办营利性医院和非营利性医院性质进行转换的，须经相关部门申请并依法办理变更手续，建立严格标准的社会办医退出机制③。

（九）建立地区有别、市场参与和信息健全的激励相容机制

引入市场机制，实现地区均衡发展。培育卫生服务市场，建立卫生服务领域的和谐有序竞争环境，保障居民公共卫生服务均等化要求，实现和谐分配卫生资源。一方面通过引入竞争使资源得到有效的利用，用市场来调整卫生资源分布；另一方面根据不同地区的经济发展水平、流动劳动力数量、卫生机构数量等给予不同的补助。在保证发达地区卫生服务水平的前提下，将卫生资源向卫生水平较低和劳动力流入集中的地区转移，对不

---

① 钟以君．关于金融支持社会办医的几点思考［J］．金融经济，2013（14）：22.

② 王晓鹏．内蒙古自治区金融支持社会办医情况浅析［J］．内蒙古科技与经济，2012（14）：25—27.

③ 田嘉静，应晓华，李国红．医疗保障制度改革对社会办医疗机构的影响［J］．中国医院管理，2012（2）：9—10.

发达地区公共卫生领域给予更多的投入，克服由于地区之间经济发展差异和人口基数差异造成的公共卫生均等化差异①。

建立政府问责和激励机制。问责和激励机制是实现卫生均衡目标的有效手段。政府将公共卫生服务可及性纳入政绩考核指标中，将建立有效的激励机制作为考核的主要指标。同时，对在公共卫生均衡配置方面做出比较优异成绩的部门、地区和个人进行荣誉上的激励和经济上的奖励。

建立健全信息披露机制。信息透明是委托人和代理人利益相容的基础。有效的信息披露制度不仅能够实现医院、政府和流动劳动力的有效沟通，而且有利于降低监管成本，约束被监管对象的行为。在政府、医疗机构和流动劳动力的激励相容中，首先，必须建立健全信息披露机制，使监管主体和监管对象之间实现信息透明化。其次，规范医院的信息披露制度，明确信息披露的形式、内容及主要责任。同时，充分利用信息网络技术，保障信息的透明性和真实性。

（十）扩大宣传，加强检查和监督

加大宣传力度。知晓是政策落实的前提，由于流动劳动力接收政策资讯的途径少，主动获取政策信息的意识薄弱，往往没有及时享受到医保等福利性政策待遇，因此需要政府和社会加大对医保政策的宣传力度，拓宽政策宣传途径。除进一步增加普及率较高的电视、广播等媒体的宣传外，还可采取由流动劳动力所在的村委会或居委会定期组织宣讲医保相关政策、向居民发放通俗易懂的政策宣传手册等措施，多渠道提高流动劳动力对医保政策的知晓率。

完善监督检查机制。医保管理机构应随时对定点医疗机构的医疗服务质量和医疗费用进行审核和监督，通过对药占比、自费药品比例等指标的考核控制医疗机构的医疗行为。对按要求完成即时结报的定点医疗机构进行表彰和奖励，对不符合即时结报程序和不按规定进行报销补偿的机构进

---

① 高红霞，孙翠环，贾红英．机制设计理论下农村公共卫生服务私立卫生机构供给模式构建［J］．公共卫生与预防医学，2011，22（4）：54—57.

行批评并通报，采取减少相应经费拨付等措施进行处罚，严重的可取消其定点医疗机构的资格[①]。另外，医保管理部门还应实现对参合流动劳动力的监督，坚决杜绝骗取和套用新农合基金的行为，确保监督检查机制能够落到实处。

建立政策实施后的评估制度[②]。建立医疗机构诊疗和服务标准，对社会效益好的医疗机构给予政策和资金上的倾斜和奖励，加强卫生部门对医疗机构尤其是社会办医疗机构的监督和管理，积极鼓励和引导社会办医，建立多元化医疗服务体系，为医疗机构发展营造良好的竞争环境。同时，加强医疗信息系统的行业监管，建立奖惩机制，从信息获取、信息利用和信息价值等多方面进行监督评价。

---

① 张付正．开展新农合即时结报的实践与体会［J］．卫生经济研究，2012，(2)：37—39.

② 吴明江．推进社会办医　促进民办医院健康发展［J］．中国卫生人才，2013 (4)：27.

附录

附录1　调查问卷

流动劳动力医疗卫生服务状况调查

尊敬的女士/先生：您好！

为了解国家医疗卫生制度的实施状况和居民对医疗卫生服务的实际利用情况，《流动劳动力医疗卫生服务可及性研究》课题组组织了本次调查。我们将对您的回答加以保密，衷心感谢您对我们本次调查工作的支持！

调查地点＿＿＿＿＿省＿＿＿＿＿市＿＿＿＿＿区/县

一、个人和家庭基本状况

A1. 出生年月（阳历）＿＿＿＿＿年＿＿＿＿＿月

A2. 性别：1. 男　　2. 女

A3. 受教育状况：

1. 文盲　2. 小学　3. 初中　4. 高中/中专　5. 大专　6. 本科及以上

A4. 您来自哪里？1. 本地人　2. 外地人：＿＿＿＿省＿＿＿＿市＿＿＿＿区/县

A5. 来到本地多长时间了？＿＿＿＿＿年，目前与您共同在此生活的家庭人口数＿＿＿＿＿人

A6. 户口类型：　1. 农业户口　　2. 非农业户口

A7. 目前婚姻状况：　1. 未婚　2. 已婚　3. 离婚　4. 丧偶　5. 分居　6. 其他＿＿＿＿＿（请注明）

A8. 您的从业状况是：　1. 正式员工　2. 合同制员工　3. 临时工

4. 农民　5. 个体经营者　6. 离退休　7. 其他

A9. 您家去年实际总收入一共__________元，您自己每年收入__________________元

A10. 您家收入的主要来源是（选 1 项）：　1. 工资　2. 农业收入　3. 买卖经商　4. 政府救济　5. 亲戚朋友资助　6. 投资性收入　7. 打工收入　8. 其他______________（请注明）

二、个人患病和就医状况

B1. 您觉得您的健康状况怎么样？

1. 非常好　2. 好　3. 一般　4. 不好　5. 非常不好

B2. 在过去一年您家的总开支是____________元，其中，医疗保健开支____________元。

B3. 您觉得医疗费用怎么样？

1. 没问题　2. 一般　3. 有压力　4. 付不起

B4. 您家距离最近医院的距离：______________ 公里，步行到医院的时间______________ 分钟

B5. 过去一个月内，您有没有患过病伤？

1. 有，具体病情__________2. 没有（跳至 B9）

B6. 过去一个月，您对病伤的主要措施是：

1. 门诊治疗　2. 住院治疗　3. 自我治疗　4. 没有治疗（跳至 B8）

B7. 您这次看病总共花了____________元，其中药费____________ 元，看病报销________________元。

B8. 您为什么没有去看病？（最多 3 项）　1. 之前已经看过了　2. 病情不严重　3. 没有钱　4. 没有时间　5. 交通不方便　6. 医院服务态度不好　7. 看医生没有用　8. 医院的手续太麻烦　9. 其他___________（请注明）

B9. 过去一年内，您有几次应该住院没有住院的情况？________ 次，具体原因是：　1. 没有医保，看不起病　2. 有医保，但报销比例太低

3. 有医保，但没有足够的钱垫付　4. 有医保，但住院总费用太高
5. 病不严重，不需要住院　6. 医院没有足够病床　7. 其他________
（请注明）

三、就医满意状况

C1. 您目前参加的医疗保险（可多选）：　1. 城镇职工基本医保　2. 城镇居民基本医保　3. 新型农村合作医疗　4. 公费医疗　5. 医疗救助
6. 商业医疗保险　　7. 大病保险　　8. 没有（跳至 C3）
9. 其他____________

C2. 您每月自己缴纳多少保险费？____________元，本保险报销的最低起始额度____________元，在起始额度以上能报销多少比例______%，每年最多只能报____________元。

C3. 您为什么没有医疗保险？　1. 我很健康，不需要　2. 不值，保险只能支付很小部分　3. 保险太贵，我支付不起　4. 其他________________________（请注明）

C4. 您看病（门诊）主要去的医疗机构是？（可多选）　1. 综合医院
2. 专科医院　3. 社区卫生服务中心　4. 乡镇卫生院　5. 卫生服务站
6. 村诊所/私人诊所　7. 没去过（跳至 C6）　8. 其他______

C5. 一次门诊的总费用大概是____________元，其中药费________元，看病报销____________元。

C6. 您看病（住院）主要去的医疗机构是？（可多选）　1. 综合医院　2. 专科医院　3. 社区卫生服务中心　4. 乡镇卫生院　5. 村卫生室　6. 诊所（医务室）　7. 没去过（跳至 C9）　8. 其他____________

C7. 您上次住院总共花了____________元，其中药费____________元，看病报销______________元。

C8. 您家直接支付的所有住院费用，与您家的经济可承受能力相比？
1. 严重超过　2. 轻微超过　3. 尚能支付　4. 能够支付　5. 只占个人支付能力的小部分

C9. 过去半年中，您有没有接受过任何一种保健服务？（如健康检查、视力检查、查血、高血压检查、肿瘤普查、预防接种、传染病防治、慢性病管理等）？ 1. 有（跳至 C11） 2. 没有

C10. 没接受保健服务的原因？ 1. 不知道有这个服务 2. 没有病 3. 保健也没用 4. 没时间 5. 没钱 6. 其他

C11. 您觉得医院对外地人和本地人同等对待吗？ 1. 同等 2. 本地人受歧视 3. 外地人受歧视 4. 不好说

C12. 您对您已有的医疗服务满意程度如何？ 1. 非常满意 2. 满意 3. 一般 4. 不满意 5. 非常不满意

C13. 您认为医疗保险的主要问题？ 1. 报销比例太低 2. 手续烦琐 3. 覆盖病种太少 4. 保费太高 5. 其他

参加外地新农合医保者回答 C14—C18：

C14. 您在目前居住地有过就医的经历吗？ 1. 有 2. 没有（跳至 C17）

C15. 您在老家参与的新农合能够在目前生活所在地即时报销吗？

1. 能 2. 不能 3. 不清楚

C16. 您觉得异地就医报销手续方便程度如何？

1. 非常方便 2. 方便 3. 一般 4. 不方便 5. 非常不方便

C17. 您和您家里人在老家报销过新农合吗？

1. 有，报销比例是______%（跳至 D1） 2. 没有

C18. 没有报销的原因？（可多选） 1. 手续太烦琐 2. 不知道怎么报 3. 太远，交通不便 4. 报销比例太低 5. 工作人员态度不好 6. 没得过病 7. 其他__________（请注明）

四、管理机构满意状况

D1. 您对医保部门的服务满意吗？

1. 非常满意 2. 满意 3. 一般 4. 不满意 5. 非常不满意

D2. 您认为医保部门需要改进的地方在哪里？（选 3 个最主要的） 1. 大厅环境 2. 跨地区报销是否方便 3. 服务态度 4. 办事效率 5. 信

息公开　6. 增加办事人员　7. 其他____________（请注明）

D3. 您认为医保定点医疗机构需要改进的地方在哪里？（选 3 个最主要的）

1. 排队挂号　2. 候诊时间　3. 就医手续　4. 医生态度　5. 医术水平
6. 收费价格　7. 医院环境　8. 药品种类　9. 床位不够　10. 其他

调查员：______________ 调查日期：______________

附录 2　访谈提纲

访谈提纲 1——医院管理人员

1. 本院是哪个医保的定点医疗机构？定点后对医院有哪些优惠政策？政府补偿多少？对开展工作有什么帮助？

2. 医保定点后对病人有哪些好处？农民看病费用降低了吗？

3. 知道新农合异地即时结报吗？医院愿意实行吗？在实行吗？具体的工作流程是什么？

4. 新农合异地即时结报能给工作和就医者带来多少便利？实行中的最大问题是什么？

5. 医院和医生的工作量超负荷了吗？能够提供更多医疗服务吗？

6. 工作中的主要问题是什么？

7. 目前医院采取哪种支付方式？有没有尝试其他支付方式？有没有好的经验？

8. 本院平均挂号时间多长？候诊时间多长？

9. 目前医药费用贵吗？平均每人的看病花费多少？药费多少？病人能支付得起吗？

10. 外地人能享受同等待遇吗？

访谈人：__________

访谈时间（小时）：________

访谈日期：__________

访谈提纲 2——医院医务人员

1. 病人在就医时的主要需求是什么？对什么最关心？

2. 病人对医院的服务满意吗？病人能及时来就医吗？

3. 医生的工作量超负荷了吗？怎么缓解？

4. 工作中的主要问题是什么？

访谈人：__________

访谈时间（小时）：________

访谈日期：__________

访谈提纲 3——经办机构人员

1. 本地居民异地就医和异地居民本地就医政策是什么？办理手续和报销手续分别是什么？

2. 本地区是市级统筹吗？在提高统筹层次上有什么好的建议？

3. 新农合参保人员就医后如何办理报销业务？报销目录和报销比例是多少，怎样制定的（可通过文件获取）？多久能得到补偿的报销款？

4. 城镇职工参保人员就医后如何办理报销业务？报销目录和报销比例是多少，怎样制定的？（可通过文件获取）

5. 城镇居民参保人员就医后如何办理报销业务？报销目录和报销比例是多少，怎样制定的？（可通过文件获取）

6. 医院与医保经办机构是如何协调报销手续的？工作流程是什么？

7. 城镇职工医保、城镇居民医保和新农合的筹资水平、起付线和封顶线和报销比例分别是如何规定的（可通过文件获取）？三项制度之间的筹资水平和报销差距如何缩小？参保者在参保和报销等方面有什么意见和要求？

8. 城镇职工医保、城镇居民医保和新农合三项制度在具体的服务管理上有什么异同？

9. 流动人口的医保问题如何解决？能得到足够的医疗服务吗？在流动人口的医保关系转移接续方面有什么规定？

10. 您认为目前三项制度管理体制的主要问题是什么？应该怎样解决？

11. 未来城乡居民医保和城镇职工医保并轨的主要困难在哪？有什么好建议？

访谈人：__________

访谈时间（小时）：________

访谈日期：__________

访谈提纲 4——流动劳动力

1. 您来本地多长时间了？家里几口人过来了？

2. 您离开老家来到本地的主要追求目的是什么？

3. 您是通过什么途径获得流动信息的？

4. 来到本地的主要困难是什么？

5. 参加的是什么类型的保险？有过在异地就医的经历吗？

6. 就医过程中的最大困难是什么？

7. 对医院的服务满意吗？

访谈人：__________

访谈时间（小时）：________

访谈日期：__________

结束语

党的十八大提出要坚持全覆盖、保基本、多层次、可持续方针，全面建成覆盖城乡居民的社会保障体系。在国务院印发的卫生事业发展“十二五”规划中强调要做好流动人口公共卫生服务工作，提高进城务工人员及其子女基本医疗卫生服务可及性，促进农民工与城镇居民享受均等化的公共卫生服务。党的十八届五中全会通过的“十三五”规划建议提出要坚持普惠性、保基本、均等化、可持续方向，增加公共服务供给，提高公共服务共建能力和共享水平。

流动劳动力是促进经济社会发展的基本要素，提高流动劳动力的卫生服务可及性是提高健康水平、促进个体和社会全面发展的重要抓手，有利于实现社会医疗保障制度可持续发展。随着我国以人为核心的新型城镇化的持续推进，如何实现流动劳动力的市民化，建立健全基本公共服务体系是促进新型城镇化健康发展的重要内容。虽然国家制定了一系列医疗保障政策，但是目前流动劳动力在医疗卫生服务的可及性上仍面临着公平性不够、效率不高、统一性不足和监管不强等问题，亟须加强对流动劳动力医疗卫生服务可及性的研究。

本书结合发达国家经验，在梳理我国医保制度改革进展的基础上，利用相关理论分析了流动劳动力异地就医的现实需求，剖析了流动劳动力异地就医的现状、存在的问题和影响因素，多角度、多维度分析了流动劳动力医疗卫生服务的可及性。在此基础上重点从技术实现、身份认同、服务多元和资源配置角度分析即时结报、转移接续、社会办医和激励相容对流动劳动力医疗卫生服务可及性的影响和实现路径，最后提出了提高流动劳动力医疗卫生服务可及性的政策建议。

通过文献梳理、深入面谈、抽样调查等多种方式，基于制度变革、交易成本、公平效率、委托代理、机制设计等经济理论，运用定性定量分析方法，借鉴国际国内经验做法，本书得出如下主要结论：流动劳动力医疗卫生服务水平总体仍较低，就医负担偏重，实现异地就医即时结报是提高劳动力医疗卫生服务可及性的突破口；医保转移接续是社会保障制度设计的重点内容，应依照自主自愿、分步实施、财务可持续和信息化建设的原则，实现医保地区间、城乡间、类别间的便捷转移和顺畅接续；社会办医是医疗服务供给服务改革与发展的趋势，是提高医疗卫生服务供给侧效率，促进医疗卫生服务可及性的有效途径。要完善既定目标下的制度安排，实现政府、医疗机构与流动劳动力之间的最优资源配置和激励相容。

本研究是国家社科基金青年项目《流动劳动力医疗卫生服务可及性研究》（项目编号：13CRK014）的最终研究成果。新型城镇化背景下我国流动劳动力增长迅速，流动劳动力的医疗卫生服务可及性同时涉及供给需求、部门监管、财政支出、公共治理、医疗技术实现等多个层面，属于新兴交叉研究领域。感谢北京协和医学院为本研究的开展提供了国内一流的研究平台和丰富的数据资源，感谢单位领导、专家、老师对本研究的指导，感谢同事和学生们对本研究的支持和帮助。积极上进、知识全面的研究团队和良好的研究氛围，为本研究的开展提供了有益的讨论、交流和思想碰撞。

课题研究人员为做好实地调查和访谈付出了辛苦和努力，深入流动人口聚集区挨家挨户填写调查问卷，进入医院和一线医务人员访谈，到地方卫生部门和工作人员访谈，正是课题组成员间的互相支持和启发使本研究得以顺利进行。

本书在编写过程中，得到了全国哲学社会科学规划办公室、国家卫生和计划生育委员会、中国医学科学院等机构的大力支持和帮助，在此表示由衷的感谢！由于卫生事业和医保制度改革的历史画卷仍在持续推进，未尽和不足之处在所难免，恳请广大读者和同人们提出宝贵意见。

参考文献

1. 刘苓玲. 中国社会保障制度城乡衔接理论与政策研究［M］. 北京：经济科学出版社，2008.

2.［美］约翰·罗尔斯. 正义论［M］. 何怀宏，何包钢，廖申白译. 北京：中国社会科学出版社，2009.

3.［美］菲利普·朗曼. 最好的医疗模式——公立医院改革的美国版解决方案［M］. 李玲，徐进，等译. 北京：北京大学出版社，2011.

4.［法］卢梭. 社会契约论［M］. 李平沤译. 北京：商务印书馆，2011.

5.［美］W. 理查德·斯科特. 制度与组织——思想观念与物质利益［M］. 姚伟，王黎芳译. 北京：中国人民大学出版社，2010.

6. 王大平，孔昭昆，王苏生. 中国医改的政策选择——基于激励机制设计理论的视角［M］. 北京：清华大学出版社，2015.

7.［美］凯文·凯利. 新经济，新规则［M］. 刘仲涛，等译. 北京：电子工业出版社，2014.

8. 姚依农. 破冰——见证蓝山医改之路［M］. 北京：新华出版社，2014.

9. 顾昕. 走向全民医保——中国新医改的战略与战术［M］. 北京：中国劳动社会保障出版社，2008.

10. 李玲. 健康强国：李玲话医改［M］. 北京：北京大学出版社，2010.

11. 刘军民. 中国医改相关政策研究［M］. 北京：经济科学出版

社，2012.

12. 赵云. 新三医联动模式：全面深化医改的战略选择 [M]. 北京：科学出版社，2015.

13. [美] 克莱顿·克里斯坦森，杰罗姆·格罗斯曼，黄捷升. 创新者的处方：颠覆式创新如何改变医疗 [M]. 朱恒鹏，张琦译. 北京：中国人民大学出版社，2015.

14. [美] 唐纳德·E. 坎贝尔. 激励理论：动机与信息经济学 [M]. 王新荣译. 北京：中国人民大学出版社，2013.

15. 张维迎. 博弈论与信息经济学 [M]. 北京：格致出版社，2012.

16. 厉以宁，林毅夫，周其仁. 读懂中国改革：新一轮改革的战略和路线图 [M]. 北京：中信出版社，2014.

17. 王延中. 社会保障绿皮书：中国社会保障发展报告（2015）[M]. 北京：社会科学文献出版社，2015.

18. [美] 汤姆·齐格弗里德（Tom Siegfried）. 纳什均衡博弈论[M]. 洪雷，陈玮，彭工译. 北京：化学工业出版社，2011.

19. 周其仁. 城乡中国 [M]. 北京：中信出版社，2014.

20. 文学国，房志武. 医改蓝皮书：中国医药卫生体制改革报告（2014—2015）[M]. 北京：社会科学文献出版社，2014.

21. 罗力. 中国公立医院改革：关注运行机制和制度环境 [M]. 上海：复旦大学出版社，2010.

22. [美] 科尼利厄斯·M. 克温. 规则制定——政府部门如何制定法规与政策 [M]. 刘璟，张辉，丁洁译. 上海：复旦大学出版社，2007.

23. 杨燕绥，岳公正，杨丹. 医疗服务治理结构和运行机制——走进社会化管理型医疗 [M]. 北京：中国劳动社会保障出版社，2009.

24. 国家卫生和计划生育委员会. 中国家庭发展报告 2014 [M]. 北京：中国人口出版社，2014.

25. 王冬，黄德海. 非营利性医院的企业式经营：向长庚医院学管理 [M]. 北京：化学工业出版社，2014.

26. 方鹏骞，张佳慧，董四平. 中国非营利性医院投融资机制及策略研究［M］. 北京：科学出版社，2012.

27. 庄一强. 民营医院蓝皮书：中国民营医院发展报告（2014）［M］. 北京：社会科学文献出版社，2014.

28. 谢宇，张晓波，李建新，于学军，任强. 中国民生发展报告 2014［M］. 北京：北京大学出版社，2014.

29. ［美］道格拉斯·C. 诺思. 制度、制度变迁与经济绩效［M］. 杭行译. 北京：格致出版社，2008.

30. ［澳］哈里斯（Mary G Harris）. 卫生服务管理——理论与实践［M］. 陈娟译. 北京：北京大学医学出版社，2009.

31. 林光汶，郭岩，David Legge，吴群红. 中国卫生政策［M］. 北京：北京大学医学出版社，2010.

32. ［美］斯蒂芬，J. 威廉斯（StephenJ. Williams），保罗，R. 托伦斯（PaulR. Torrens）. 卫生服务导论［M］. 刘建平，尹畅译. 北京：北京大学医学出版社，2004.

33. ［美］石雷雨. 卫生服务研究方法［M］. 李林贵译. 北京：北京大学医学出版社，2005.

34. 郝模. 卫生政策学［M］. 北京：人民卫生出版社，2005.

35. 陈郁. 所有权、控制权与激励：代理经济学文选［M］. 上海：上海人民出版社，2007.

36. ［美］道格拉斯·盖尔. 一般均衡的策略基础——动态匹配与讨价还价博弈［M］. 韦森译. 北京：格致出版社，2008.

37. ［美］利奥尼德·赫维茨. 经济机制设计［M］. 田国强，等译. 北京：格致出版社，2009.

38. 方积乾. 卫生统计学［M］. 北京：人民卫生出版社，2012.

39. 郑功成. 中国社会保障改革与发展战略（医疗保障卷）［M］. 北京：人民出版社，2011.

40. 郑功成. 中国社会保障改革与发展战略（总论卷）［M］. 北京：

人民出版社，2011.

41. 仇雨临，翟绍果. 城乡医疗保障制度统筹发展研究［M］. 北京：中国经济出版社，2012.

42. ［美］约斯特. 医疗保障支付范围决策国家比较研究［M］. 汤晓莉，何铁强译．北京：中国劳动社会保障出版社，2011.

43. 吕文洁. 社会医疗保险与家庭经济状况［M］. 上海：上海财经大学出版社，2011.

44. 封进. 健康需求与医疗保障制度建设：对中国农村的研究［M］. 北京：格致出版社，2009.

45. 胡晓义. 走向和谐：中国社会保障发展60年［M］. 北京：中国劳动社会保障出版社，2009.

46. 王秀峰．北京市基本医疗保险制度衔接研究［D］. 北京：首都经济贸易大学，2010.

47. 车田超．基于激励相容理论的基本药物可及性监管研究［D］. 南京：南京中医药大学，2011.

48. 林帆．医疗卫生服务提供主体及其合作模式研究［D］. 厦门：厦门大学，2009.

49. 赵艳飞．新型农村合作医疗实施中医疗卫生服务公平性研究［D］. 泰安：山东农业大学，2009.

50. 王春华．城市化进程中流动劳动力的社会保障研究［D］. 济南：山东大学，2006.

51. 刘秋艳．新型农村合作医疗对卫生服务可及性影响研究［D］. 福州：福建医科大学，2009.

52. 佟珺．政府规制与医疗卫生服务供给的有效性［D］. 上海：复旦大学，2009.

53. 张洪涛．武汉市外来流动人口卫生服务利用现状及影响因素分析［D］. 武汉：华中科技大学，2006.

54. 李璐．基于激励规制理论的我国公立医院政府监管模式研究［D］.

武汉：华中科技大学，2012.

55. 林娣．宏观视角下农民工医疗保障制度研究［D］. 上海：复旦大学，2012.

56. 张望．农民工医疗保障制度研究［D］. 成都：西南财经大学，2009.

57. 李莹．农民工医保关系转移接续问题研究［D］. 武汉：武汉科技大学，2011.

58. 孙婷．全民医保下的流动人口医保问题研究［D］. 上海：上海社会科学院，2014.

59. 汤晓莉．社会医疗保险可携带性政策研究［D］. 武汉：华中科技大学，2010.

60. 朱格．我国城乡基本医疗卫生服务均等化的研究［D］. 广州：广东财经大学，2014.

61. 徐瑾真．我国医疗卫生服务提供的公私合营模式研究［D］. 上海：上海交通大学，2007.

62. 苏谋东．中国农民工医疗保障制度研究[D]. 上海：复旦大学，2008.

63. 仇雨临，郝佳. 城乡医疗保障制度统筹发展的路径研究——基于东莞、太仓、成都和西安的实地调研［J］. 人口与经济，2011（4）：64—69.

64. 党敏恺，吴忠，赵媛，韩琳. 构建城乡衔接的医疗保障制度研究述评［J］. 卫生经济研究，2009（8）：29—32.

65. 刘君，赵同松. 医保三项制度如何实现衔接［J］. 中国社会保障，2008（5）：76—77.

66. 朱俊生. “扩面”与“整合”并行：统筹城乡医疗保障制度的路径选择［J］. 中国卫生政策研究，2009（12）：19—22.

67. 王东进. 构建覆盖城乡的医疗保障体系的战略步骤［J］. 中国劳动保障，2008（8）：16—18.

68. 裴丽萍，郑群. 城市流动人口卫生服务利用现状与影响因素调查分析［J］. 中国初级卫生保健，2005，8（19）：15—16 .

69. 程令国，张晔．“新农合”：经济绩效还是健康绩效？［J］. 经济研究，2012（1）：120—133.

70. 蔡昉．如何进一步转移农村剩余劳动力？[J]. 中共中央党校学报，2012，16（1）：85—88.

71. 白重恩，李宏彬，吴斌珍．医疗保险与消费：来自新型农村合作医疗的证据 [J]. 经济研究，2012（2）：41—53.

72. 李春林．基于机制设计理论的农村公共服务运营机制的设计[J]. 学理论，2012（7）：63—65.

73. 李则．与公立医院改革激励相容 [J]. 中国医院院长，2013（10）：62.

74. 吴少龙，凌莉．流动人口医疗保障的三大问题 [J]. 中国卫生政策研究，2012，5（6）：30—36.

75. 袁雁飞，纪颖，蒋莹，等．某市 15—24 岁青年流动人口卫生服务利用及其影响因素 [J]. 北京大学学报（医学版），2012（4）：602—606.

76. 赵奕钧．博弈论视角下的农民工医疗保险问题研究 [J]. 求索，2012（7）：80—81.

77. 杨清红．农村医疗卫生服务的可及性研究——基于 CHNS 数据的实证分析 [J]. 暨南学报（哲学社会科学版），2012（8）：82—88.

78. 董静爽．国外流动人口医疗保障制度建设及其对我国的启示[J]. 理论导刊，2012（12）：19—21.

79. 李伯华，宋月萍，齐嘉楠等．中国流动人口生存发展状况报告——基于重点地区流动人口监测试点调查 [J]. 人口研究，2010，34（1）：6—18.

80. 钟晓敏，高琳．个人利益与社会公共利益——关于斯密原理、布坎南公共选择理论与赫维茨机制设计理论的比较研究 [J]. 财经论丛，2010（1）：19—24.

81. 谢小平，王从从，魏强，等．基本医疗卫生制度对居民基本医疗服务可及性和利用的影响：基于甘肃的个案研究 [J]. 中国卫生经济，2010，29（3）：23—25.

82. 孟卫东，周陨龙，黄波，等．机制设计理论在资源优化配置中的应用研究综述［J］. 统计与决策，2010（10）：160—162.

83. 卢新璞，吴明．北京市外来农村流动人口家庭医疗支出的影响因素——Tobit模型方法［J］. 北京大学学报（医学版），2010，42（5）：565—569.

84. 林婕，陈昱方，张亮．应用机制设计理论建立我国医院公益性保障机制模型［J］. 中国卫生经济，2010，29（11）：8—10.

85. 钟春洋．经济发展方式转变中的利益博弈——基于激励相容的视角［J］. 科学经济社会，2010，28（3）：37—42.

86. 姚毓春，刘元胜．激励相容视角下的医疗卫生体制改革［J］. 中国卫生经济，2010，29（12）：26—27.

87. 朱琪，陈乐优．资源优化配置的机制设计理论及其应用——2007年度诺贝尔经济学奖的评介［J］. 学术研究，2008（3）：76—82.

88. 严俊．机制设计理论：基于社会互动的一种理解［J］. 经济学家，2008（4）：103—109.

89. 侯慧丽．城市农业和非农业流动人口对医疗服务的使用与医疗消费的比较分析［J］. 中国卫生经济，2008，27（10）：27—29.

90. 梁金刚．流动人口基本医疗保险关系转移接续方略［J］. 中国医疗保险，2011（4）：29—31.

91. 张思锋，杨致忻，李菲，等．新型农村合作医疗对农村居民卫生服务可及性的影响——基于陕西省的抽样调查［J］. 兰州大学学报（社会科学版），2011，39（3）：97—103.

92. 曹玫，林万龙．劳动力流动背景下新型农村合作医疗制度的保障能力研究［J］. 农村经济，2011（7）：77—80.

93. 杨菊华．城乡差分与内外之别：流动人口社会保障研究［J］. 人口研究，2011，35（5）：8—25.

94. 鄢洪涛．城乡基本医疗卫生服务差距测度与均等化发展对策研究［J］. 湘潭大学学报（哲学社会科学版），2011，35（5）：16—21.

95. 舒尚奇，关文吉．机制设计理论与设计过程综述［J］. 渭南师范学院学报，2011（12）：24—26.

96. 周忠良，高建民，等．新型农村合作医疗改善卫生服务可及性效果评价［J］. 中国卫生经济，2011，26（12）：43—45.

97. 苏宝利，石丛．低收入农民卫生服务可及性和医疗负担公平性研究［J］. 卫生软科学，2014，28（5）：272—275.

98. 朱亚鹏，岳经纶，李文敏．政策参与者、政策制定与流动人口医疗卫生状况的改善：政策网络的路径［J］. 公共行政评论，2014（4）：46—66.

99. 吉富星，程丽君，李枢川．我国新型农村合作医疗制度的思考——基于机制设计的视角［J］. 重庆理工大学学报（社会科学版），2014，28（9）：81—86.

100. 郑飞北．正规就业流动人口参加职工医保的现状与对策［J］. 中国医疗保险，2015（1）：14—16.

101. 郭静，周庆誉，翁昊艺，等．流动人口卫生服务利用及影响因素的多水平 logistic 回归模型分析［J］. 中国卫生经济，2015，34（3）：50—52.

102. 江婷婷，赵颖智，石智雷．流动人口就医行为及公共卫生服务利用质量分析——基于湖北省 2013 年流动人口动态监测调查［J］. 宏观质量研究，2015，3（1）：111—119.

103. 严妮，沈晓．非营利性公立医院改革：弱势群体的医疗服务［J］. 中国医院管理，2015，35（5）：1—3.

104. 王前强．激励相容与中国医改［J］. 中国医院管理，2009，29（3）：1—5.

105. 杨金侠．激励相容理论在公立医院监管中的应用［J］. 中国农村卫生事业管理，2009，29（7）：499—501.

106. 邱询旻，冉祥勇．机制设计理论辨析［J］. 吉林工商学院学报，2009，25（4）：5—9.

107. 冯伟，王修来．交易成本、激励相容与资源整合［J］. 科技与经济，2009，22（5）：72—75.

108. 崔斌，周红．各国流动人口主要卫生服务利用障碍及改善基本卫生服务可及性的措施［J］. 中国药物经济学，2009（6）：47—56.

109. 李亚林，詹腊梅．应对人口流动形势，完善医疗保险异地就医管理办法［J］. 劳动保障世界（理论版），2009（12）：34—35.

110. 何含兵，罗长坤，贺加，等．合同购买卫生服务中政府与村卫生室的激励相容约束博弈研究［J］. 中国卫生事业管理，2013（10）：728—731.

111. 王亨，李佳佳，徐凌忠．流动人口医疗保险参保影响因素分析［J］. 山东大学学报（医学版），2015，53（7）：90—93.

112. 熊吉峰．农民工医保转移接续中的区域利益分割与化解对策——以东莞仙桃籍农民工为例［J］. 开发研究，2011（4）：94—97.

113. 高建民，嵇丽红，闫菊娥，等．三种医疗保障制度下居民卫生服务可及性分析［J］. 中国卫生经济，2011，30（2）：19—21.

114. 崔仕臣．社会医疗保险便携性机制研究［J］. 中国卫生事业管理，2011（1）：29—31.

115. 李孜，杨洁敏．我国城市流动人口医疗保障模式比较研究——以上海、成都、北京、深圳为例［J］. 人口研究，2009，33（3）：99—106.

116. 赵红，王新军．我国农业转移人口市民化推进研究——基于机制设计理论［J］. 西北农林科技大学学报（社会科学版），2015，15（3）：100—106.

117. Tullock, Gordon. Provision of public goods through privatization, Vol. 49, 1996.

118. World Health Organization. Equity in health and health care, a WHO initiative. WHO, Geneva, 1996.

119. Edward Gu and Jianjun Zhang. Health Care Regime Change in Urban China: Unmanaged Marketization and Reluctant Privatization, Pacific Affairs, Vol. 79, No. 1, 2006.

120. Jonathan Haskell and Stefan Szymanski, Privatization and the Labour Market: Facts, Theory, and Evidence, in Matthew Bishop, John Kay,

and Colin Mayer, eds. , Prvitization and Economic Performance, Oxford University Press, 1994.

121. R. Robinson and J. Le Grand (Eds.). Evaluating the NHS Reforms, Kings Fund Institute, Newbury, 1994.

122. Lawrence, —R—J. Inequalities in urban areas: innovative approaches to complex issues. Scand—J—Pblic—Health, 2002.

123. Roberts K. D. China's Tidal Wave of migration Labor: What Can We Learn from Mexican Undocumented Migration to the United States? [J]. International Migration Review, 1997, 31(2).

124. Wagstaff A, Lindelow M, Jun G, et al. Extending health insurance to the rural population: an impact evaluation of China's new cooperative medical scheme[J]. J Health Econ, 2009, 28(1): 1—19.

125. Dai B. Does China's new cooperative medical scheme promote rural elders' access to healthcare services in relation to chronic conditions? [J]. Int Health, 2015, 7(1): 32—41.

126. Lei X, Lin W. The New Cooperative Medical Scheme in rural China: does more coverage mean more service and better health? [J]. Health Econ, 2009, 18 Suppl 2: S25—S46.

127. Fu R, Wang Y, Bao H, et al. Trend of urban—rural disparities in hospital admissions and medical expenditure in China from 2003 to 2011 [J]. PLoS One, 2014, 9(9): e108571.

128. Bharmal M, Thomas J R. Health insurance coverage and health—related quality of life: analysis of 2000 Medical Expenditure Panel Survey data[J]. J Health Care Poor Underserved, 2005, 16(4): 643—654.

129. Qiu P, Yang Y, Zhang J, et al. Rural—to—urban migration and its implication for new cooperative medical scheme coverage and utilization in China[J]. Bmc Public Health, 2011, 11(1): 1—10.

130. Yu B, Meng Q, Collins C, et al. How does the New Cooperative

Medical Scheme influence health service utilization? A study in two provinces in rural China[J]. Bmc Health Services Research, 2010, 10(4):1—9.

131. Yuan Z, Liu Y, Yong L, et al. A model for community health service development in depressed rural areas in China[J]. Bmc Health Services Research, 2012, 12(1):58—72.

132. Liu X, Gao W, Yan H. Measuring and decomposing the inequality of maternal health services utilization in Western Rural China[J]. Bmc Health Services Research, 2014, 14(1):1—7.

133. Xin W, Zheng A, Xin H, et al. Integration of rural and urban healthcare insurance schemes in China: an empirical research[J]. Bmc Health Services Research, 2014, 14(1):1—10.

134. Dastjerdi M, Olson K, Ogilvie L. A study of Iranian immigrants' experiences of accessing Canadian health care services: a grounded theory[J]. International Journal for Equity in Health, 2012, 11(1):55.

135. Yang W. China's new cooperative medical scheme and equity in access to health care: evidence from a longitudinal household survey[J]. International Journal for Equity in Health, 2013, 12(1).

136. Liang Y, Lu P. Medical insurance policy organized by Chinese government and the health inequity of the elderly: longitudinal comparison based on effect of New Cooperative Medical Scheme on health of rural elderly in 22 provinces and cities[J]. International Journal for Equity in Health, 2014, 13(1):1—15.

137. Li C, Hou Y, Sun M, et al. An evaluation of China's new rural cooperative medical system: achievements and inadequacies from policy goals[J]. Bmc Public Health, 2015, 15(1):1—9.

138. Wang X, He X, Zheng A, et al. The effects of China's New Cooperative Medical Scheme on accessibility and affordability of healthcare services: An empirical research in Liaoning Province[J]. Bmc Health Serv-

ices Research, 2014, 14(1):388—398.

139. Bebbington A, Bebbington A. A framework for analysing peasant viability, rural livelihoods and poverty in the Andes[J]. To Agriculture Or Natural Resources in Developing Its Case the Paper, 2004.

140. Lawrence Haddad. 14 Family Resources and Gender Differences in Human Capital Investments: The Demand for Children's Medical Care in Pakistan[J]. HAROLD ALDERMAN AND PAUL GERTLER, 2007.

141. Ku L. Health insurance coverage and medical expenditures of immigrants and native—born citizens in the United States[J]. American Journal of Public Health, 2009, 99(7):1322—1328.

142. Dercon S, Krishnan P. In sickness and in health: risk—sharing within households in rural Ethiopia[J]. Journal of Political Economy, 1997, 108(4):688—727.

143. Folbre N. Market Opportunities, Genetic Endowments, and Intrafamily Resource Distribution[C]// Comment. American Economic Review, 1984.

图书在版编目（CIP）数据

新型城镇化背景下流动劳动力医疗卫生服务可及性研究 / 郭琳著.
—北京：中国工人出版社，2017.6
ISBN 978-7-5008-6751-7
Ⅰ.①新… Ⅱ.①郭… Ⅲ.①流动人口—劳动力—医疗卫生服务—研究—中国
Ⅳ.①R197.1
中国版本图书馆CIP数据核字（2017）第125087号

新型城镇化背景下流动劳动力医疗卫生服务可及性研究

出 版 人	芮宗金
责任编辑	李素素
责任校对	赵贵芬
责任印制	栾征宇
出版发行	中国工人出版社
地　　址	北京市东城区鼓楼外大街45号 邮编：100120
网　　址	http://www.wp-china.com
电　　话	（010）62005043（总编室）　（010）62005039（营销出版部） （010）62382916（职工教育分社）
发行热线	（010）62005996　（010）82075964（传真）
经　　销	各地书店
印　　刷	北京睿特印刷厂大兴一分厂
开　　本	710毫米×1000毫米　1/16
印　　张	15.75
字　　数	200千字
版　　次	2017年8月第1版　2017年8月第1次印刷
定　　价	50.00元
